Zur Einführung.

Die Werkstattbücher behandeln das Gesamtgebiet der Werkstattstechnik in kurzen selbständigen Einzeldarstellungen; anerkannte Fachleute und tüchtige Praktiker bieten hier das Beste aus ihrem Arbeitsfeld, um ihre Fachgenossen schnell und gründlich in die Betriebspraxis einzuführen.

Die Werkstattbücher stehen wissenschaftlich und betriebstechnisch auf der Höhe, sind dabei aber im besten Sinne gemeinverständlich, so daß alle im Betrieb und auch im Büro Tätigen, vom vorwärtsstrebenden Facharbeiter bis zum leitenden Ingenieur, Nutzen aus ihnen ziehen können.

Indem die Sammlung so den einzelnen zu fördern sucht, wird sie dem Betrieb als Ganzem nutzen und damit auch der deutschen technischen Arbeit im Wettbewerb der Völker.

Bisher sind erschienen:

Heft 1: Gewindeschneiden. Zweite, vermehrte und verbesserte Auflage. Von Oberingenieur O. M. Müller.

Heft 2: Meßtechnik. Dritte, verbesserte Auflage. (15.—21. Tausend.) Von Professor Dr. techn. M. Kurrein.

Heft 3: Das Anreißen in Maschinenbauwerkstätten. Zweite, völlig neubearbeitete Auflage. (13.—18. Tausend.) Von Ing. Fr. Klautke.

Heft 4: Wechselräderberechnung für Drehbänke. (7.—12. Tausend.) Von Betriebsdirektor G. Knappe.

Heft 5: Das Schleifen der Metalle. Zweite, verbesserte Auflage. Von Dr.-Ing. B. Buxbaum.

Heft 6: Teilkopfarbeiten. (7.—12. Tausend.) Von Dr.-Ing. W. Pockrandt.

Heft 7: Härten und Vergüten. 1. Teil: Stahl und sein Verhalten. Dritte, verbess. u. vermehrte Aufl. (18.—24. Tsd.) Von Dr.-Ing. Eugen Simon.

Heft 8: Härten und Vergüten. 2. Teil: Praxis der Warmbehandlung. Dritte, verbess. u. vermehrte Aufl. (18.—24. Tsd.) Von Dr.-Ing. Eugen Simon.

Heft 9: Rezepte für die Werkstatt. 2. verbess. Aufl. (11.-16. Tsd.) Von Dr. Fritz Spitzer.

Heft 10: Kupolofenbetrieb. 2. verbess. Aufl. Von Gießereidirektor C. Irresberger.

Heft 11: Freiformschmiede. 1. Teil: Technologie des Schmiedens. — Rohstoffe der Schmiede. Von Direktor P. H. Schweißguth.

Heft 12: Freiformschmiede. 2. Teil: Einrichtungen und Werkzeuge der Schmiede. Von Direktor P. H. Schweißguth.

Heft 13: Die neueren Schweißverfahren. Zweite, verbesserte u. vermehrte Auflage. Von Prof. Dr.-Ing. P. Schimpke.

Heft 14: Modelltischlerei. 1. Teil: Allgemeines. Einfachere Modelle. Von R. Löwer.

Heft 15: Bohren. Von Ing. J. Dinnebier.

Heft 16: Reiben und Senken. Von Ing. J. Dinnebier.

Heft 17: Modelltischlerei. 2. Teil: Beispiele von Modellen und Schablonen zum Formen. Von R. Löwer.

Heft 18: Technische Winkelmessungen. Von Prof. Dr. G. Berndt. Zweite, verbesserte Aufl. (5.—9. Tausend.)

Heft 19: Das Gußeisen. Von Ing. Joh. Mehrtens.

Heft 20: Festigkeit und Formänderung. I: Die einfachen Fälle der Festigkeit. Von Dr.-Ing. Kurt Lachmann.

Heft 21: Einrichten von Automaten. 1. Teil: Die Systeme Spencer und Brown & Sharpe. Von Ing. Karl Sachse.

Heft 22: Die Fräser. Von Ing. Paul Zieting.

Heft 23: Einrichten von Automaten. 2. Teil: Die Automaten System Gridley (Einspindel) u. Cleveland u. die Offenbacher Automaten. Von Ph. Kelle, E. Gothe, A. Kreil.

Heft 24: Stahl- und Temperguß. Von Prof. Dr. techn. Erdmann Kothny.

Heft 25: Die Ziehtechnik in der Blechbearbeitung. Von Dr.-Ing. Walter Sellin.

Heft 26: Räumen. Von Ing. Leonhard Knoll.

Heft 27: Einrichten von Automaten. 3. Teil: Die Mehrspindel-Automaten. Von E. Gothe, Ph. Kelle, A. Kreil.

Heft 28: Das Löten. Von Dr. W. Burstyn.

Heft 29: Kugel- und Rollenlager (Wälzlager). Von Hans Behr.

Heft 30: Gesunder Guß. Von Prof. Dr. techn. Erdmann Kothny.

Heft 31: Gesenkschmiede. 1. Teil: Arbeitsweise und Konstruktion der Gesenke. Von Ph. Schweißguth.

Heft 32: Die Brennstoffe. Von Prof. Dr. techn. Erdmann Kothny.

Heft 33: Der Vorrichtungsbau. I: Einteilung, Einzelheiten u. konstruktive Grundsätze. Von Fritz Grünhagen.

Heft 34: Werkstoffprüfung (Metalle). Von Prof. Dr.-Ing. P. Riebensahm und Dr.-Ing. L. Traeger.

Fortsetzung des Verzeichnisses der bisher erschienenen sowie Aufstellung der in Vorbereitung befindlichen Hefte siehe 3. Umschlagseite.

Jedes Heft 48—64 Seiten stark, mit zahlreichen Textabbildungen.

WERKSTATTBÜCHER
FÜR BETRIEBSBEAMTE, VOR- UND FACHARBEITER
HERAUSGEGEBEN VON DR.-ING. EUGEN SIMON, BERLIN
HEFT 47

Zahnräder

Erster Teil

Aufzeichnen und Berechnen

Von

Dr.-Ing. Georg Karrass

Mit 106 Abbildungen im Text

Berlin

Verlag von Julius Springer

1932

ISBN-13: 978-3-7091-5214-0   e-ISBN-13: 978-3-7091-5362-8
DOI: 10.1007/978-3-7091-5362-8

Inhaltsverzeichnis.

I. Grundbegriffe und Bezeichnungen.

Zähne sind regelmäßige Vorsprünge an Rädern zur Übertragung der Bewegung. Nach der Lage der Wellen zueinander sind verschiedene Grundformen für die Räder erforderlich.

Grundformen der Zahnräder.

Lage der Wellen	Grundform	Ausführung der Zahnräder
parallel	Zylinder	Stirnrad
sich schneidend	Kegel	Kegelrad
sich kreuzend	Zylinder	zyl. Schraubenrad, Schnecke
	Hyperboloid	hyperboloidische Schraubenräder

Wenn das Verhältnis der Winkelgeschwindigkeiten ω_1 des treibenden und ω_2 des getriebenen Rades gleichförmig bleibt, ergeben sich kreisförmige Umdrehungskörper (Kreiszylinder, Kreiskegel, Rotationshyperboloid). Bei einem periodischen Wechsel der Winkelgeschwindigkeiten ergeben sich elliptische Grundkörper (elliptischer Zylinder, ellipt. Kegel, ellipt. Hyperboloid).

Die einfachste Zahnform ist die der Stirnräder mit geraden Zähnen auf einem Kreiszylinder als Grundform. Die Bedingung ist gleiches Verhältnis der Winkelgeschwindigkeiten, d. h. $\omega_1 : \omega_2 = \text{const.}$ Wenn die treibende Welle (im folgenden mit dem Index „1") konstante Winkelgeschwindigkeit hat, hat auch die getriebene Welle „2" konstante Winkelgeschwindigkeit. Wenn (entsprechend Abb. 1) im Berührungspunkt A die Bewegung übertragen wird, sind bei den Entfernungen ϱ_1 und ϱ_2 von den Mittelpunkten M_1 und M_2 die Geschwindigkeiten in tangentialer Richtung (d. h. $\perp$ zu ϱ_1 und ϱ_2) $v_1 = \omega_1 \varrho_1$ und $v_2 = \omega_2 \varrho_2$. Im Berührungspunkt haben die beiden Kurven eine gemeinsame Tangente TAT und senkrecht dazu eine gemeinsame Normale $N_1 A N_2$. Die Geschwindigkeiten werden zerlegt in Richtung der Tangente und der Normalen. Die Geschwindigkeiten c in der Richtung der Normalen müssen gleich sein, d. h. $c_1 = c_2$. Wäre $c_1 < c_2$, würde das Rad „2" dem Rad „1" davonlaufen, wäre $c_1 > c_2$, müßte Rad „1" in Rad „2" eindringen. Im Dreieck $M_1 A N_1$ und dem aus c_1 und v_1 gebildeten stehen die Seiten rechtwinklig aufeinander. Daher sind die Dreiecke ähnlich und

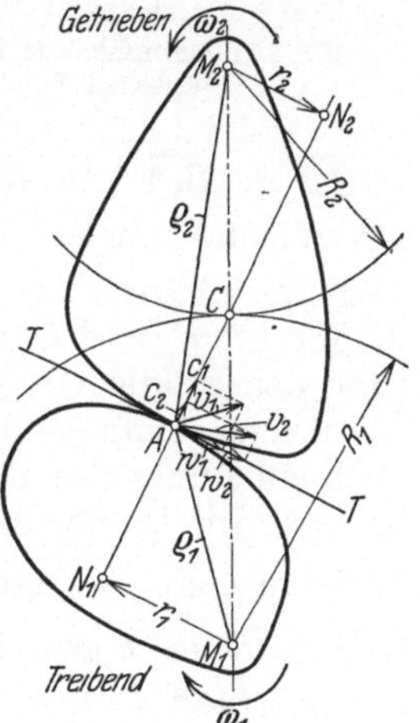

Abb. 1. Übertragung durch Hebelpaar.

es ist: $\dfrac{c_1}{v_1} = \dfrac{r_1}{\varrho_1}$; $c_1 = v_1 \dfrac{r_1}{\varrho_1} = \omega_1 r_1$; ebenso ist im Dreieck $M_2 A N_2$ und dem aus c_2 und v_2 gebildeten: $\dfrac{c_2}{v_2} = \dfrac{r_2}{\varrho_2}$; $c_2 = v_2 \cdot \dfrac{r_2}{\varrho_2} = \omega_2 \cdot r_2$.

Da nun $c_1 = c_2$ ist, ist auch $\omega_1 \cdot r_1 = \omega_2 \cdot r_2$ und $\dfrac{\omega_1}{\omega_2} = \dfrac{r_2}{r_1}$.

Ist C der Schnittpunkt der gemeinsamen Normalen im Berührungspunkt A mit der Mittenlinie $M_1 M_2$, sind die beiden Dreiecke $C M_1 N_1$ und $C M_2 N_2$ ähnlich.

Es ist daher: $\dfrac{M_2 C}{M_1 C} = \dfrac{r_2}{r_1} = \dfrac{\omega_1}{\omega_2} = \text{const} = \dfrac{R_2}{R_1}$; hiermit ist $\omega_1 R_1 = \omega_2 R_2$ und allgemein $\omega R = \text{const.}$ Daraus ergibt sich das allgemeine Verzahnungsgesetz: Für jeden beliebigen Berührungspunkt (A) muß die ge-

meinsame Normale auf beiden Zahnkurven stets durch denselben
Punkt der Mittenlinie (C) gehen, der entsteht, wenn die Mittenlinie
im umgekehrten Verhältnis der Winkelgeschwindigkeiten geteilt
wird.

Die durch C um M_1 und M_2 gelegten Kreise mit den Radien R_1 und R_2, die
sich bei der Drehung stets berühren, heißen „Wälzkreise“. Die Umfangsgeschwindigkeit im Walzkreis, $v \, [\text{m}/s] = \omega_1 R_1 = \omega_2 R_2$, ist für beide Räder gleich. Die
Walzkreise werden fast immer als „Teilkreise“ für die Herstellung benutzt.

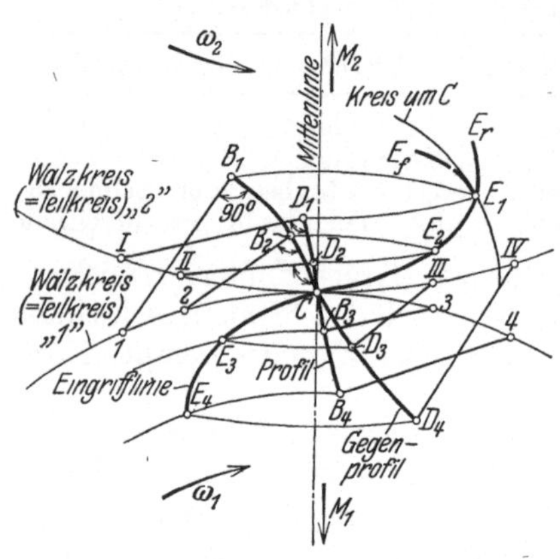

Abb. 2. Eingrifflinie und Gegenprofil eines
gegebenen Zahnprofils.

Eine Ausnahme hiervon bildet die Herstellung von Zahnrädern nach dem Walzverfahren mit Profilabrückung. In der gemeinsamen Tangente TAT gleiten die Zahne
aufeinander. Die Relativgeschwindigkeit des
Gleitens $w_2 - w_1$ gibt ein Maß für die Abnutzung an jeder Stelle des Zahns. Zu einem
als gezeichnete Kurve $B_1 B_2 C B_3 B_4$ gegebenen Zahnprofil (Abb. 2) kann hiernach das
Gegenprofil gezeichnet werden: Gegeben sind
die durch M_1, M_2, C festgelegten Walzkreise, die mit den Teilkreisen zusammenfallen. Der Punkt B_1 bewegt sich auf einem
Kreise um M_1, der senkrechte Abstand der
Normalen bis zum Walzkreis ergibt sich
zu $\overline{B_1 1}$. Die Normale im Beruhrungspunkt
E_1 muß durch den Punkt C gehen, daher

st $\overline{CE_1} = \overline{B_1 1}$. In diesem Punkte E_1, der sich aus den Kreisen mit $\overline{B_1 M_1}$
um M_1 und mit $\overline{B_1 1}$ um C ergibt, geht die Berührung des Punktes B_1 mit dem
Gegenprofil vor sich. Ebenso sind E_2 mit den Radien $\overline{B_2 M_1}$ und $\overline{B_2 2} = \overline{E_2 C}$ und
die Punkte E_3 und E_4 zu konstruieren. Die Kurve $E_1 E_2 C E_3 E_4$, auf der die Berüh-
rung der Profile vor sich geht, heißt „Eingrifflinie“. Der mit B_1 in E_1 zur
Berührung kommende Punkt D_1 des Gegenprofils bestimmt sich dadurch, daß E_1
auch ein Punkt des Rades „2“ ist. E_1 hat sich auf einem Kreis durch E_1 um M_2
bewegt. Infolge des Abrollens der Walzkreise aufeinander ist der Punkt C auf dem
Walzkreis um M_2 ebenfalls um das Stück $\overset{\frown}{C\,1}$ gewandert. Als die Punkte C und B_1
sich noch nicht gedreht hatten, befand sich C also an der Stelle I ($\overset{\frown}{CI} = \overset{\frown}{C\,1}$).
Der Abstand $\overline{I D_1}$ ist die Normale auf dem Gegenprofil. Es ist um I ein Kreis
mit $\overline{B_1 1}$ zu schlagen, der D_1 ergibt. Bei der Drehung decken sich dann $\overline{B_1 1}$ und
$\overline{D_1 I}$ in $\overline{E_1 C}$; ebenso ist D_2 ($\overset{\frown}{C II} = \overset{\frown}{C\,2}$; $\overline{D_2 II} = \overline{B_2 2}$), D_3 und D_4 zu konstruieren.
$D_1 D_2 C D_3 D_4$ ist das „Gegenprofil“. Das Gegenprofil kann auch ohne Bestim-
mung der Eingrifflinie konstruiert werden, wenn um I, II, III, IV Kreise mit
$\overline{B_1 1}$, $\overline{B_2 2}$, $\overline{B_3 3}$, $\overline{B_4 4}$ geschlagen werden. Die Einhullende dieser Kreise steht
senkrecht auf den Radien und ergibt ebenfalls das Gegenprofil.

Damit zwei Rader richtig miteinander kämmen (Abb. 3) müssen folgende
Bedingungen erfullt sein:

1. Der Abstand des Punktes C eines Zahnes bis zum Punkte C_1 des nächsten
Zahnes muß in beiden Rädern gleich sein (gleiche Teilung in den Walzkreisen).
2. Es muß mindestens je ein Zahnpaar stets im Eingriff sein. 3. Die Eingrifflinien beider Zahnprofile ($E_1 E_2 C E_3 E_4$ in Abb. 2) mussen sich decken. Der beim
Abrollen tatsächlich benutzte Teil der Eingrifflinie ist die „Eingriffstrecke“

$A\,C\,E$. 4. Der Eingriffpunkt darf nie zurücklaufen. Eine Eingrifflinie, die (wie in Abb. 2) in der Form $E_1 E_f$ hinter dem um C geschlagenen Kreise zuruckläuft, ist als Eingriffstrecke unbrauchbar, während $E_1 E_r$ brauchbar ist. Genügt eine beliebige Anzahl von Zahnrädern allen vier Bedingungen, so sind sie „Satzräder", die, beliebig miteinander gepaart, richtig kämmen. Durch die Endpunkte der Eingriffstrecke A und E sind die äußeren Begrenzungen (Kopfpunkte der Zähne) K_1 und K_2 bestimmt. Rückwartseinschlagen der Kreise um M_1 durch A und um M_2 durch E ergibt die Punkte F_1 und F_2, die mit K_2 und K_1 zusammenarbeiten. Die Stucke $K_1 C F_1$ und $K_2 C F_2$ sind die arbeitenden Teile der Zahnflanken. Die nach den Mittelpunkten zu liegenden Stücke der Zahnflanken bleiben außer Eingriff. Man bezeichnet (Abb. 4) den Abstand der Punkte C und C_1 zweier benachbarter Zahne als „Teilung t", die auf die Teilkreise bezogen wird, die meist mit den Wälzkreisen identisch sind. Es ergeben sich die Teilkreisdurchmesser aus den Zähnezahlen Z mit: $D_1 \pi = Z_1 t$ bzw. $D_2 \pi = Z_2 t$; allgemein $D\pi = Zt$ und der entsprechende Teilkreisradius aus: $R = \dfrac{Z\,t}{2\,\pi}$.

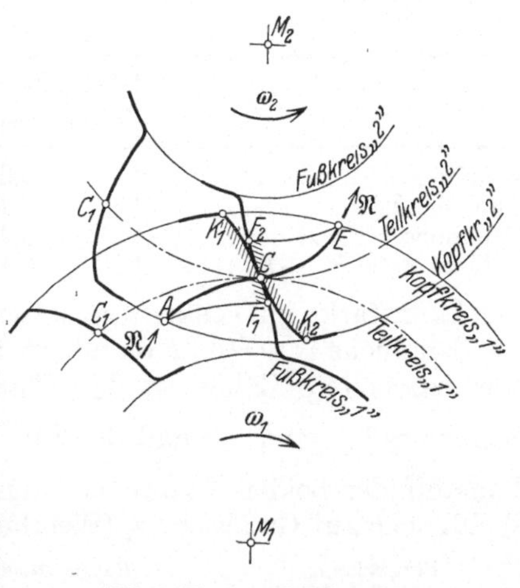

Abb 3. Kopf- und Fußpunkte.

Wenn die Teilung verwendet wird, so ist sie in „Zentimeter" anzugeben. Damit D ein rationales Maß wird, wird die Teilung als Vielfaches von π angenommen, (z. B. $t = 2\,\pi = 6,\!28$ cm); $\dfrac{t}{\pi}$ wird als Modul m bezeichnet und in Millimeter angegeben. Es ist: $t = m \cdot \pi$; $D \cdot \pi = Z \cdot m \cdot \pi$; $D = Z \cdot m$; $m = \dfrac{D}{Z}$.

Der Modul ist ein Bezugsmaß fur das Zahnrad, aber nicht unmittelbar zu messen. Er wird stets auf einen Normalmodul abgerundet, der aus der Modulreihe DIN 780 entnommen wird.

Tabelle 1. Modulreihe:

0,3; 0,4, 0,5	bis 0,9;	1 steigend um je	0,1	mm
1; 1,25, 1,5	bis 3,75;	4 „ „ „	0,25	„
4; 4,5, 5	bis 6,5;	7 „ „ „	0,5	„
7; 8; 9;	bis 15;	16 „ „ „	1	„
16; 18; 20	bis 22;	24 „ „ „	2	„
24; 27; 30	bis 42;	45 „ „ „	3	„
45; 50; 55	bis 70;	75 „ „ „	5	„

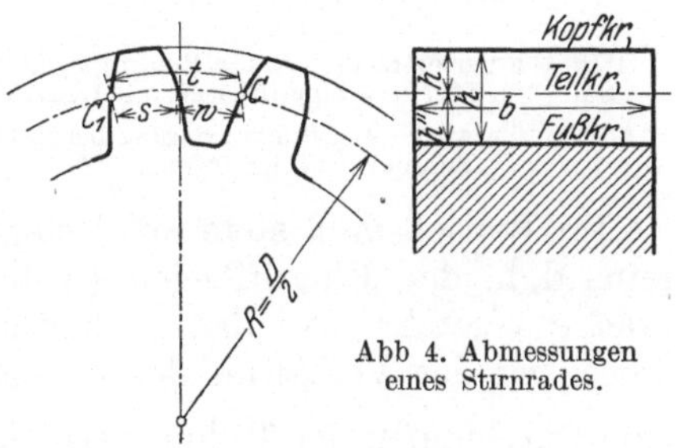

Abb 4. Abmessungen eines Stirnrades.

Der außerhalb des Teilkreises liegende Teil des Zahnes heißt „Zahnkopf"; der innerhalb liegende Teil „Zahnfuß", der Kreis durch die äußere Begrenzung des Zahnkopfes, der den Außendurchmesser des Rohlings bestimmt, heißt „Kopfkreis", der Kreis durch die innere Begrenzung des Zahnes „Fußkreis". Die Zahnhöhe h setzt sich zusammen aus der Kopfhohe h' (zwischen Kopfkreis und Teilkreis) und der Fußhohe h'' (zwischen Teilkreis und Fußkreis); bezogen auf den Modul ist $h' = \varkappa' \cdot m$; $h'' = \varkappa'' \cdot m$, das radiale Spiel $h'' - h'$ nimmt am Eingriff nicht teil. Die durch die Profile bestimmten Flachen heißen „Zahnflanken", die Abmessung rechtwinklig zum Profil heißt „Zahnbreite". Die Zahnbreite wird meist in einem bestimmten Verhaltnis zur Teilung angenommen (z. B. $b = 2\,t$, $b = 3\,t$, allgemein $b = \psi\,t$) oder zum Modul (z. B. $b = 10\,m$). Als normal gelten:

Tabelle 2. Radiale Großen.

	bei unbearbeiteten gegossenen Zahnen	bei bearbeiteten Zahnen	
		$m \gtrsim \sim 5\,\text{mm}$	$m \lesssim \sim 5\,\text{mm}$
Kopfhohe h'	$0{,}3\,t$	$^{6}/_{6}\,m$	$1\ m$
Fußhöhe h''	$0{,}4\,t$	$^{7}/_{6}\,m$	$1{,}2\,m$
Zahnhohe h	$0{,}7\,t$	$^{13}/_{6}\,m = \sim 0{,}7\,t$	$2{,}2\,m = \sim 0{,}7\,t$
radiales Spiel $h'' - h'$	$0{,}1\,t$	$^{1}/_{6}\,m = \sim 0{,}05\,t$	$0{,}2\,m = \sim 0{,}06\,t$

Die Zahnstärke im Teilkreis gemessen, beträgt für unbearbeitete Zähne $s \approx {}^{19}/_{40}\,t$, die Zahnlücke $w \approx {}^{21}/_{40}\,t$, damit ist das Spiel im Umfang: $^{1}/_{20}\,t = \pi/_{20}\,m \approx 0{,}16\,m$. Für bearbeitete Zähne ist das Flankenspiel meist $\approx {}^{1}/_{20}$ mm, bei geschliffenen Zähnen $\approx {}^{1}/_{40}$ mm, so daß die Zahnstärke $s \approx \dfrac{t}{2}$ beträgt. Bei verschiedenem Baustoff der beiden Zahnräder kann s auch verschieden sein, z. B. ist üblich bei Weißbuche auf Gußeisen: s_1 (Weißbuche) $\approx 0{,}6\,t$; s_2 (Gußeisen) $\approx 0{,}4\,t$. Normale Kopf- und Fußhöhen sind bei sehr kleinen Zähnezahlen aus Gründen fehlerhaften Eingriffes oft nicht ausführbar, es muß dann auch in den Zahnstärken abgewichen werden. Die während der Übertragung eines Zahnpaares sich berührenden Teile der Wälzkreise heißen „Eingriffbogen". Beim Rückwärtsgang liegen bei gleicher Zahnform beider Profile die Eingriffbogen und die Eingriffstrecke symmetrisch zu denen des Vorwartsganges (Abb. 5). Gleichheit beider Profile ist fast immer vorhanden, nur in Ausnahmefällen, z. B. bei Bergbahnen, bei denen die Beanspruchung bei der Bergfahrt erheblich größer als bei der Talfahrt ist, kommen trapezähnliche Zähne vor, um größere Stärke an der Zahnwurzel zu erreichen.

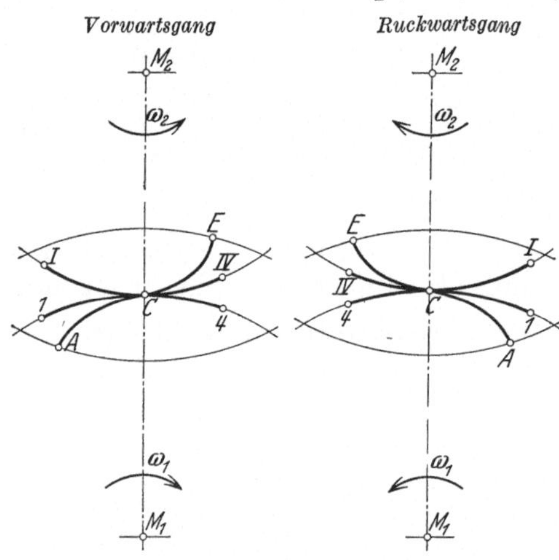

ACE = Eingriffstrecke, $1C4$ = Eingriffbogen e am Rad „1", $ICIV$ = Eingriffbogen e am Rad „2".

Abb. 5 Vorwarts- und Ruckwartsgang bei gleicher Zahnform beider Profile.

Im Betrieb muß stets mindestens bei einem Zahnpaar Berührung vorhanden sein, d. h. der Eingriffbogen (Abb. 5) e muß $\geqq t$ sein. Unter Überdeckungsgrad ε versteht man das Verhältnis des Eingriffbogens zur Teilung oder entsprechend das Verhältnis der Zeit zum Durchlaufen des Eingriffbogens zur Zeit zum Durchlaufen der Teilung. Da $\varepsilon = \dfrac{e}{t} \geqq 1$ sein muß, ist bei $\varepsilon > 1$ (z. B. 1,2) ein Zahnpaar immer im Eingriff, ein zweites während 20% der Zeit; ist $\varepsilon < 1$, so erfolgt Kanteneingriff: der Kopf des treibenden Zahnes schiebt, schabend auf der Flanke, den getriebenen weiter. Die Folge ist Ungleichförmigkeit des Ganges, Schwingungen, Erzitterungen und starke Abnutzungen, was sich bei großeren Umfangsgeschwindigkeiten störend bemerkbar macht. Ein Überdeckungsgrad 1,2 bis 1,3 ist immer anzustreben und kann durch Wahl entsprechender Zahnezahlen und Verzahnungen erreicht werden, genügt aber auch zum sicheren Ausschluß des

Kanteneingriffs. Ein höherer Überdeckungsgrad hat einen praktischen Wert nur dann, wenn mindestens $\varepsilon = 2$ erreicht wird, so daß dauernd zwei Zähnepaare im Eingriff stehen und sich dadurch die Beanspruchung und Abnutzung der Zähne bestimmt verringert. Da im Lauf immer Zahn mit Zahn kämmt, ist das Übersetzungsverhältnis $i = Z_1 : Z_2 = R_1 : R_2 = D_1 : D_2 = \omega_2 : \omega_1 = n_2 : n_1$, hiernach ist $n_1 \cdot Z_1 = n_2 \cdot Z_2 = n \cdot Z = \text{const.}$, wobei n die Umlaufzahl der Räder bedeutet. In den Ländern mit Zollmaßen wird an Stelle des Modulsystems die Diametral Pitch-Teilung oder Circular Pitch-Teilung benutzt. Bei der Diametral Pitch-Teilung bedeutet D_p die Anzahl der Zähne auf $1''$ Durchmesser, ähnlich wie man die Steigung der Schrauben mit der Anzahl der Gänge auf einen Zoll angibt. Im Gegensatz zur Modulteilung wird D_p desto kleiner, je größer die Teilung ist. Es ist: $D_p = \dfrac{1''}{m} = \dfrac{25,4 \text{ mm}}{m \text{ mm}}$, z. B. entspricht $D_p = 1$ einem Modul $25,4$ mm, $D_p = 2$ einem Modul $12,7$ mm. Die Circular-Pitch-Teilung ergibt die Länge der Teilung in Zoll. Die Umrechnung erhält man mit $C_p = \dfrac{\pi \cdot m}{25,4} = 0,1235\,m$; z. B. entspricht $C_p = 1$ einem Modul $\dfrac{1}{0,1235} = 8,1$ mm, $C_p = 2$ einem Modul $\dfrac{2}{0,1235} = 16,2$ mm.

II. Die Zahnformen.

Die Zahnformen können verschieden sein, sie mussen aber dem allgemeinen Verzahnungsgesetz entsprechen. Wenn die Wälzkreise und ein Zahnprofil gegeben sind, ist die Eingrifflinie und das andere Profil zu konstruieren, wie in Abb. 2 angegeben. Davon wird aus Herstellungsgründen nur selten Gebrauch gemacht, z. B. bei den Flügeln von Kapselpumpen und Kapselgebläsen, die ebenfalls dem allgemeinen Verzahnungsgesetz entsprechen müssen, um gleichmäßige Drehung der Wellen zu erreichen.

Wenn die Walzkreise und die Eingrifflinie gegeben sind, sind beide Profile entsprechend herzustellen. Als Eingrifflinie werden zwei Kreisbogen angenommen, die Profile ergeben sich dann als zyklische Kurven (Radlinien). Wird die Eingrifflinie als Gerade angenommen, so ergeben sich die Zahnprofile als Kreisevolventen, die Radlinien unter bestimmten Voraussetzungen bilden. Bei der Epizykloide (Aufradlinie, kleine Außenzykloide, Abb. 6) rollt auf einem Kreis (Grundkreis um M) ein zweiter (Rollkreis um M'); der Mittelpunkt M' des Rollkreises beschreibt einen konzentrischen Kreis um den Mittelpunkt des Grundkreises M. Beim Abrollen hebt sich der Punkt C und beschreibt die Kurve $\overgroup{CB}$, gleichzeitig senkt sich der Punkt B' und fällt auf C', wobei er die Kurve $\overgroup{B'C'}$

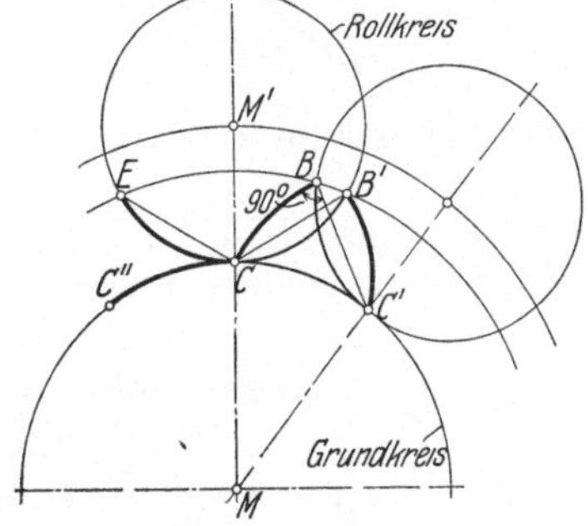

Abb. 6. Epizykloide (Aufradlinie, kleine Außenzykloide.

beschreibt. Infolge des Abrollens sind die Kreisbogen längengleich ($\overgroup{CC'} = \overgroup{CB'} = \overgroup{BC'}$). Infolge der Entstehung der Epizykloide steht die Strecke $\overline{BC'}$ senkrecht auf der Kurve $\overgroup{BC}$ im Punkte B und die Strecke $\overline{B'C}$ senkrecht auf der Kurve $\overgroup{B'C'}$ im Punkte B'; die Kurve $\overgroup{BC}$ kann konstruiert werden als Umhüllende der Kreise mit $\overline{BC'}$ um C'. $\overline{BC'}$ ist der Krümmungsradius der Kurve $\overgroup{BC}$ im Punkte B. Die Normale in einem beliebigen Punkte (B, B') geht stets durch den Berührungs-

punkt des Grundkreises und des Rollkreises (C', C), so daß die Kurve als Zahnkurve brauchbar ist. Wird um C mit $\overline{CB'} = \overline{BC'}$ ein Kreis geschlagen, so geht
er durch den Schnittpunkt E des Grundkreises und des Rollkreises (Symmetrie
in bezug auf $M'M$). Wird die Kurve $\overarc{BC}$ als Zahnkurve verwendet, ist E der Ein-
griffspunkt des Punktes B. Da E ein beliebiger Punkt der Eingrifflinie ist,
liegen alle in dieser Weise konstruierten Punkte auf dem Rollkreis, der damit zur
Eingrifflinie wird. Wird der Rollkreis nach der andern Seite abgerollt, trifft E
auf C'', $\overarc{CC''}$ ist demnach der Eingriffbogen, wenn B die Zahnkante im Kopfkreis

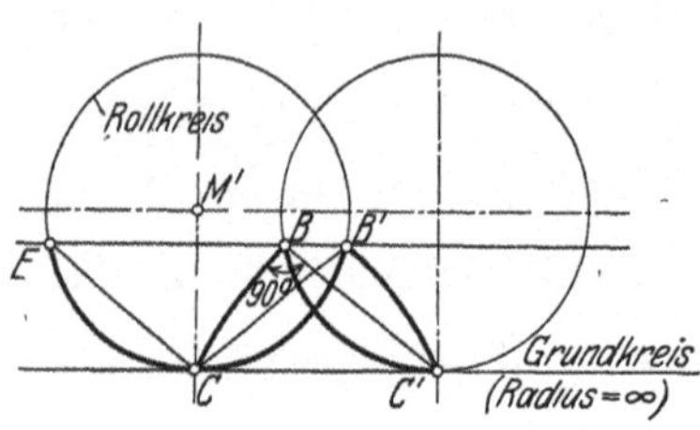

Abb. 7. Gemeine Zykloide
(Radlinie).

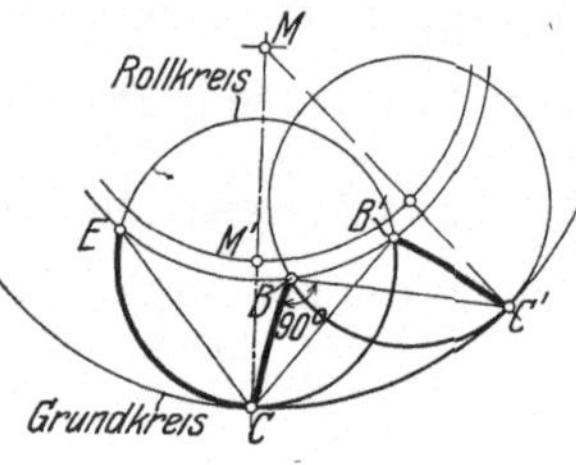

Abb. 8. Hypozykloide
(Inradlinie, Innenzykloide).

des Zahnrades vor-
stellt. Der Eingriff-
bogen ist langen-
gleich der Eingriff-
strecke, aber nicht
identisch.

Die gemeine Zy-
kloide (Radlinie,
Abb. 7) entsteht,
wenn der Radius des
Grundkreises $= \infty$ ist.

M bewegt sich demnach auf einer Geraden und entsprechend wird BB' ebenfalls eine Gerade. Wenn Grundkreis und Rollkreis den gleichen Krümmungssinn
haben, entsteht die Hypozykloide (Innenzykloide, Inradlinie, Abb. 8), bei der

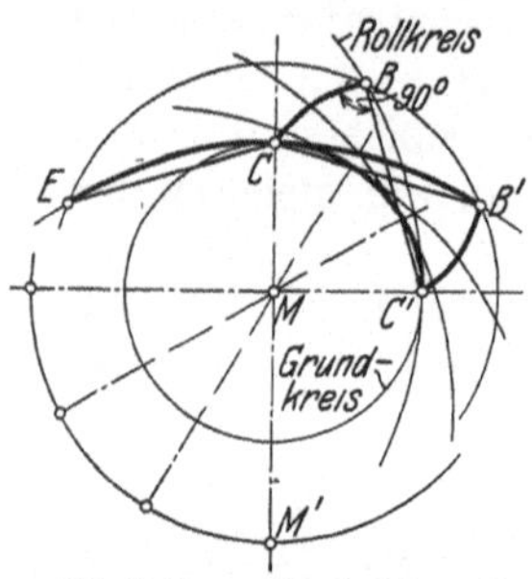

Abb. 9. Perizykloide (Umradlinie,
große Außenzykloide).

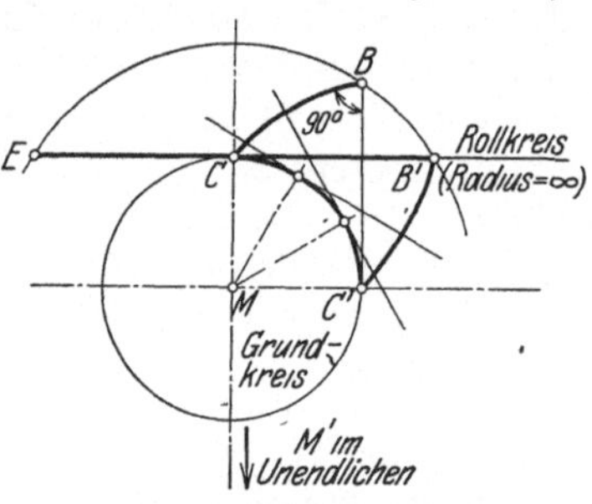

Abb 10 Kreisevolvente

sich der Rollkreis inner-
halb des Grundkreises
bewegt. Wird der Durch-
messer des Rollkreises
größer als der des Grund-
kreises ($\overline{M'C} > \overline{MC}$) gewählt, entsteht die Peri-
zykloide (große Außen-
zykloide, Umradlinie,
Abb. 9). Die Kreise, auf
denen sich M' bewegt
und B, B' liegen, sind

wieder konzentrisch um M, liegen aber auf entgegengesetzten Seiten. Zu jedem
Grundkreis gehören unendlich viele Zykloiden, da der Rollkreis beliebigen Durchmesser haben kann. Wird der Radius des Rollkreises $= \infty$ ge-

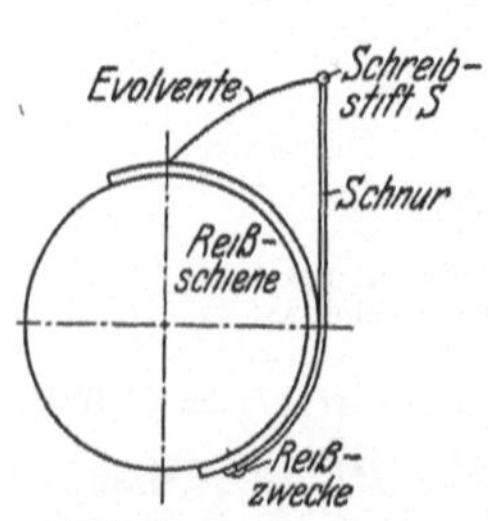

Abb 11. Zeichnerische
Herstellung der
Evolvente.

wählt, so wird der Rollkreis zur Tangente und die Kurve CB
zur Kreisevolvente (Abb. 10). Da der Rollkreis, der hier
als Erzeugende der Evolvente bezeichnet wird, Eingrifflinie
ist, wird die Eingrifflinie eine Gerade. Im Gegensatz zu den
Zykloiden gehört zu jedem Grundkreis nur eine Evolvente,
von der ein beliebiges Stück als Zahnkurve benutzt werden
kann. Die Kreisevolvente kann auch durch Abwickeln des
Kreisumfanges erzeugt werden. Zum Zeichnen der Evolvente
biegt man eine Reißschiene auf den Umfang des Grundkreises,
befestigt eine Schnur und beschreibt mit einem Schreibstift S
die Evolvente durch Abwickeln der Schnur. Die Tangente
von S an den Grundkreis ist der Krümmungsradius der Evolvente in jeder
Stellung (Abb. 11). Zur Erzeugung der Evolvente bei der Zahnradherstellung

wird an Stelle der gebogenen Schiene ein **Kreissegment**, an Stelle der Schnur
ein **Stahlband** verwendet.

III. Die Zykloidenverzahnung.

Die Walzkreise sind durch das Übersetzungsverhaltnis gegeben; sie fallen mit
den Teilkreisen zusammen. Die Rollkreise sind zunachst beliebig, zweckmäßig
wird der Halbmesser des Rollkreises $M'C = {}^1/_3\, MC$ gewahlt (Abb. 12). Bei
Satzradern mussen alle Rader des Satzes gleichen Rollkreis erhalten, damit sie
gleiche Eingrifflinien bekommen. Die Zykloiden werden als Hullkurven mit
dem Zirkel konstruiert. Es werden kleine, gleiche Sehnen, die als langengleich
den zugehorigen Bogen betrachtet werden
können, auf der einen Seite von C (nach
links) auf dem Rollkreis „2", dem Teilkreis
„2" und dem Teilkreis „1", auf der andern
Seite von C (nach rechts) ebenfalls auf
dem Rollkreis „1" und beiden Teilkreisen
abgetragen. (a_1; b_1; c_1 ....; a_2; b_2; c_2 ....;
a_3; b_3; c_3 ... nach links, r_1; s_1; t_1 ...; r_2;
s_2; t_2 ....; r_3; s_3; t_3 nach rechts).

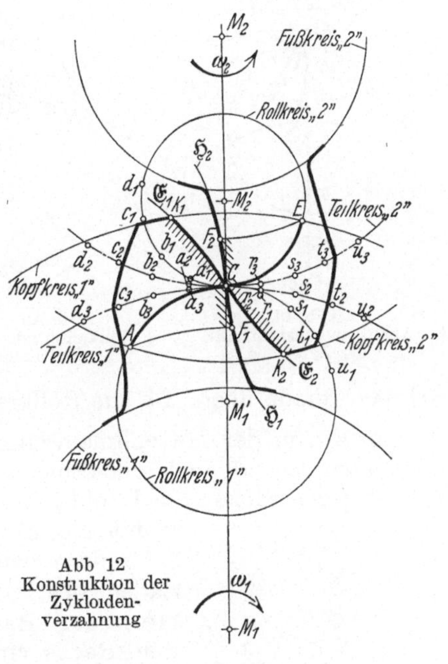

Abb 12
Konstruktion der
Zykloiden-
verzahnung

Tabelle 3. Aufzeichnung der Zykloiden.

In den Zirkel	Kreis um	ergibt
$\overline{C\,a_1}$	a_2	
$\overline{C\,b_1}$ u.s.f.	b_2	Hypozykloide $C\,\mathfrak{H}_2$
$\overline{C\,a_1}$	a_3	
$\overline{C\,b_1}$ u.s.f.	b_3	Epizykloide $C\,\mathfrak{E}_1$
$\overline{C\,r_1}$	r_2	
$\overline{C\,s_1}$ u.s.f.	s_2	Hypozykloide $C\,\mathfrak{H}_1$
$\overline{C\,r_1}$	r_3	
$\overline{C\,s_1}$ u.s.f.	s_3	Epizykloide $C\,\mathfrak{E}_2$

Durch die Zahnezahlen und die Teilkreisdurchmesser sind (entsprechend
Abb. 4) bestimmt: die Teilung t, der Modul m, die Kopfhohe h', die Fußhohe h'',
die Zahnhohe h, die Zahnstarke s und die Lückenweite w. Die Begrenzung des
ruckwartigen Profils jedes Zahnes ergibt sich als Spiegelbild des vorderen. Die
Schnittpunkte der Kopfkreise mit den Fußkreisen ergeben die Eingriffstrecke $\overparen{A\,C\,E}$.
Die ruckwärts eingeschlagenen Kreise durch A um M_1 und durch E um M_2 er-
geben die Punkte F_1 und F_2. Es arbeiten zusammen die Strecken $\overparen{K_1 C}$ und $\overparen{F_2 C}$,
sowie $\overparen{K_2 C}$ und $\overparen{F_1 C}$. Den Überdeckungsgrad erhält man aus $\varepsilon = \dfrac{\overparen{A\,C\,E}}{t}$, da die
Eingriffstrecke längengleich dem Eingriffbogen ist. Bei der oben angegebenen
Wahl der Rollkreisdurchmesser und normalen Zahnhohen ist ein Überdeckungs-
grad $\varepsilon \gtreqless 1$ im allgemeinen gesichert. Der Reibungsverlust ergibt sich durch das
Gleiten der zusammenarbeitenden Strecken. Der Normaldruck $\mathfrak{N}$ wechselt etwas,
wenn $\varepsilon > 1$ und damit zeitweise mehr als ein Zahnpaar im Eingriff ist; er liegt aber
stets rechtwinklig auf dem Profil, d. h. in der Richtung der Eingrifflinie (Abb. 3).
Die Folge des Gleitens und des Normaldruckes ist die Abnutzung der Zahnflanken.
Arbeitet eine kurzere Strecke ($\overparen{F_2 C}$) mit einer längeren zusammen ($\overparen{K_1 C}$), wird

jede der beiden Strecken im umgekehrten Verhältnis der Längen abgenutzt, also die kürzere $(\overset{\frown}{K_1 C} : \overset{\frown}{F_2 C})$ mal so viel wie die längere. Teilt man $\overset{\frown}{K_1 C}$ in eine Anzahl gleicher Teile (Abb. 13), so wird durch entsprechende Kreise um M_1 auch $\overset{\frown}{CE}$ in einzelne Bogen zerlegt und ebenso $\overset{\frown}{F_2 C}$ beim Zurückklappen. Diese Strecken von $\overset{\frown}{F_2 C}$ sind fast gleich, die dem Verhältnis der Strecken entsprechende Abnutzungscharakteristik ist fast konstant für die Zahnköpfe und die Zahnfüße, für die Zahnköpfe aber kleiner als für die Zahnfüße.

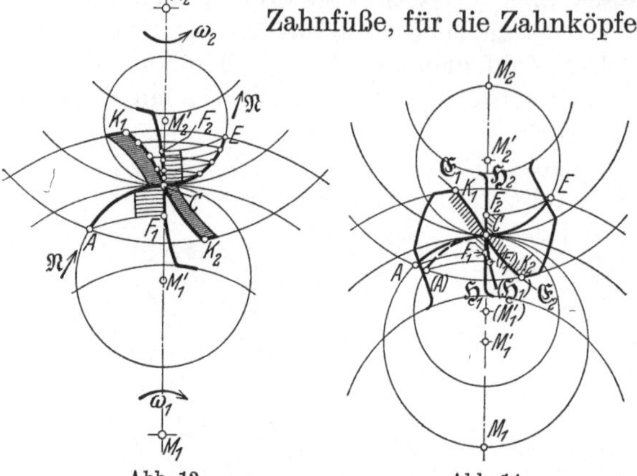

Abb. 13.
Abnutzungscharakteristik
der Zykloiden.

Abb. 14.
Rollkreisdurchmesser = Teilkreishalbmesser.

Natürlich kann sich der Zahnkopf im Punkte C nicht weniger abnutzen als im Zahnfuß; infolgedessen wird er durch Stauchung des Punktes C weiter abgenutzt, wodurch sich Zahnform und Eingrifflinie ändern; die Eingrifflinie streckt sich in der Nähe des Punktes C, d. h. sie wird allmählich in eine Gerade übergeführt.

Werden die Rollkreisdurchmesser gleich den Teilkreishalbmessern gewählt (Abb. 14), gehen die Hypozykloiden in radial gerichtete Gerade über. Da die Rollkreise größer geworden sind, rücken die Punkte A und E von der Mittenlinie weiter ab. Die Eingriffstrecke $\overset{\frown}{ACE}$ wird größer und entsprechend auch der Eingriffbogen. Der Überdeckungsgrad ε vergrößert sich, dagegen rücken die Punkte F_1 und F_2 näher an den Zentralpunkt C heran, womit die Abnutzung der Zahnfüße sich verstärkt. Bei Satzrädern wird meist der Rollkreisdurchmesser aller Räder des Satzes gleich dem Teilkreishalbmesser des kleinsten Rades gewählt, so daß der Zahnfuß des kleinsten Rades eine radial gerichtete Gerade ist. Hierdurch wird erreicht, daß alle Räder des Satzes, beliebig miteinander gepaart, richtig kämmen. Einzelräder als Satzräder auszuführen, also mit gleichen Rollkreisen an beiden Rädern, ist aber zwecklos, da der Überdeckungsgrad am großen Rad unnütz verkürzt wird. Wird der Rollkreisdurchmesser größer als der Teilkreishalbmesser gewählt, so weicht die Hypozykloide nach innen ab (Abb. 15). Da die Punkte A und E sich noch weiter von der Mittenlinie entfernen als bei Abb. 14, wird der Überdeckungsgrad noch größer. Die Punkte F_1 und F_2 rucken näher an die Teilkreise heran, so daß sich auch die Abnutzung vergrößert. Vom Punkte F_1 und F_2 bis zur Zahnwurzel braucht die Zahnform die Hypozykloide nicht mehr einzuhalten, der Zahn muß aber noch so stark sein, daß die Kopfpunkte K nicht in den Gegenzahn eindringen. Konstruiert werden die relativen Kopf-

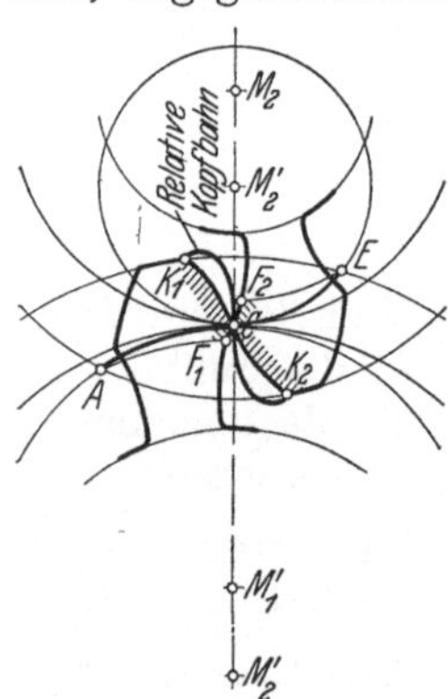

Abb 15.
Rollkreisdurchmesser > Teilkreishalbmesser.

Tabelle 4. Aufzeichnung der relativen Kopfbahn.

In den Zirkel	Kreis um	ergibt
$K_1 a_3$	a_2	relative Kopfbahn
$K_1 b_3$ u. s. f.	b_2	von K_1
$K_2 r_3$	r_2	relative Kopfbahn
$K_2 s_3$ u. s. f.	s_2	von K_2

bahnen der Kopfpunkte K_1 bzw. K_2, die entstehen, wenn Rad „1" auf dem festgehaltenen Rad „2" rollt (Punkte entsprechend Abb. 12).

Bei der Zahnstange wird aus der Epi- und Hypozykloide eine gemeine Zykloide (entsprechend Abb. 7), da der Radius des Grundkreises unendlich geworden ist. Mit ihr arbeitet die Epi- und Hypozykloide des Zahnrades zusammen. Bei der Innenverzahnung (gleicher Krümmungssinn beider Teil- und Rollkreise) arbeiten die Epizykloiden zusammen und ebenso die Hypozykloiden. Die Eingriffstrecke wird sehr lang, so daß sich der Überdeckungsgrad stark vergrößert. Wird der Rollkreis gleich dem Teilkreis gewählt, so wird aus der Hypozykloide der Punkt C, auf dem die Epizykloide des Gegenrades arbeitet (einfache Punktverzahnung). Sind beide Rollkreise gleich den Teilkreisen, kommen die Profile innerhalb der Teilkreise überhaupt nicht mehr zum Eingriff (doppelte Punktverzahnung Abb. 16). Es arbeitet die Epizykloide $K_2 C$ auf dem Punkte C des Rades „1", dann die Epizykloide $K_1 C$ auf dem Punkte C des Rades „2". Die Folge ist eine sehr starke Abnutzung beider Räder am Punkte C. Diese Ausbildung ergibt aber die größte, überhaupt mögliche Länge

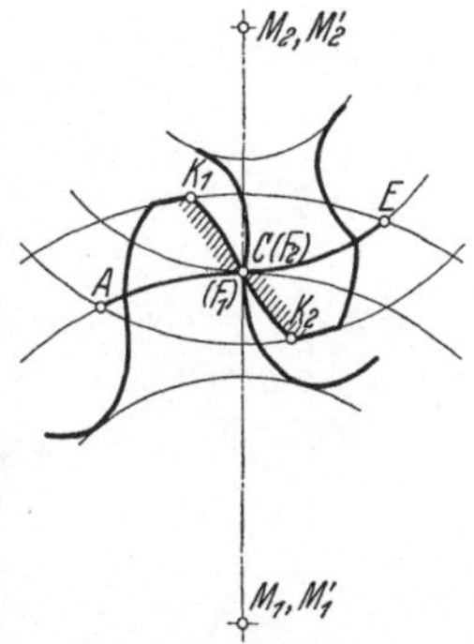

Abb. 16. Doppelte Punktverzahnung.

der Eingriffstrecke ACE und damit den größten Überdeckungsgrad ε, so daß mit der Zahnezahl bis 4 herunter gegangen werden kann. Diese Konstruktion kann nur für selten benutzte Zahnräder mit kleiner Umfangsgeschwindigkeit verwendet werden, z. B. in Wagenwinden.

IV. Die Evolventenverzahnung.

Jedes Stück der Kreisevolvente ist als Zahnkurve brauchbar; dadurch ist der Eingriffwinkel α bestimmt, unter dem die gerade Eingrifflinie die Normale auf der Mittenlinie $M_1 M_2$ schneidet. Da er für die Herstellung gebraucht wird, wird er der Konstruktion der Evolvente zugrunde gelegt. In den Abbildungen ist der Deutlichkeit halber ein Eingriffwinkel von $\alpha = 30°$ gewählt.

Durch die beiden Wälzkreise um M_1 und M_2 mit den Radien R_1 und R_2 ist der Zentralpunkt C bestimmt, durch den beide Zahnprofile gehen. Die Grundkreise, durch deren Abwicklung die Evolventen entstehen, berühren die Eingrifflinie in den Punkten N_1 und N_2. Aus der Ähnlichkeit der beiden Dreiecke $M_1 C N_1$ und $M_2 C N_2$ (Abb. 17) ist:

$$\frac{r_1}{R_1} = \frac{r_2}{R_2} = \cos\alpha \text{ und } r = R \cdot \cos\alpha = \frac{Z}{2} \cdot m \cos\alpha.$$

Abb 17 Evolventen für normalen Eingriff

Der Abstand zwischen Wälzkreis und Grundkreis beträgt:

$$R - r = R\,(1 - \cos\alpha) = \frac{Z}{2} \cdot m\,(1 - \cos\alpha) = Z \cdot m \sin^2\frac{\alpha}{2}.$$

Der Eingriffwinkel α muß für zwei zusammenkämmende Räder gleich sein, da sich sonst die Eingrifflinien nicht decken. Brauchbar als Eingriffstrecke ist nur der Teil $N_1 N_2$ der Eingrifflinie; die Kopfhöhe ist dadurch begrenzt, daß die Kopfkreise nicht außerhalb von N_1 und N_2 schneiden

Tabelle 5.
Bestimmung des Grundkreises.

$\alpha =$	Grundkreis	Abstand
15°	$r = 0{,}966\,R$	$R - r = 0{,}034\,R$
20°	0,940	0,06
25°	0,906	0,094
30°	0,866	0,134

dürfen. Die Evolvente geht nach dem Mittelpunkt zu nur bis zum Grundkreis; Eingriffstrecken, die über N_1 und N_2 herausgehen, geben grob fehlerhaften Eingriff, da hierzu der in Abb. 18 dargestellte zweite Zweig der Evolvente gehört, der symmetrisch zum ersten Zweig liegt. Liegt der Grundkreis außerhalb des Fußkreises, ist ein radiales Ergänzungsstuck notwendig, das nicht am Ein-

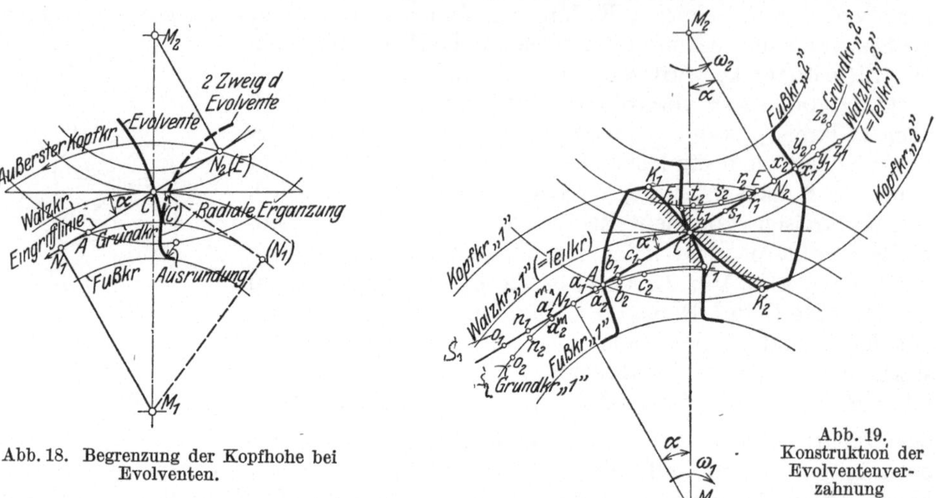

Abb. 18. Begrenzung der Kopfhohe bei Evolventen.

Abb. 19. Konstruktion der Evolventenverzahnung

griff teilnimmt. Der Anschluß an den Fußkreis erfolgt durch einen Kreis, dessen Radius entsprechend dem radialen Spiel anzunehmen ist. Da die radiale Ergänzung und die Ausrundung nicht am Eingriff teilnehmen, können sie auch bis zu der in Abb. 15 angegebenen relativen Kopfbahn verstärkt werden, wenn der Zahn an der Wurzel stärker sein soll. Die Eingriffstrecke $\overline{AE}$ muß daher $\lessgtr N_1 N_2$ sein. Nach der Wahl des Eingriffwinkels kann die Evolvente konstruiert werden (Abb. 19). Von den Punkten N_1 und N_2 aus werden die Erzeugende und die Grundkreise nach außen und innen in längengleiche Stücke eingeteilt.

Tabelle 6. Einteilung.

Teilpunkte	Am Rade „1"		Am Rade „2"	
	nach innen	nach außen	nach innen	nach außen
Auf der Erzeugenden	$a_1;\ b_1;\ c_1\ldots$	$m_1;\ n_1;\ s_1\ldots$	$r_1;\ s_1;\ t_1\ldots$	$x_1;\ y_1;\ z_1\ldots$
Auf dem Grundkreis.............	$a_2;\ b_2;\ c_2\ldots$	$m_2;\ n_2;\ s_2\ldots$	$r_2;\ s_2;\ t_2\ldots$	$x_2;\ y_2;\ z_2\ldots$

Entsprechend der Fadenkonstruktion (Abb. 11) wird die Evolvente als Umhüllende konstruiert.

Tabelle 7. Aufzeichnung der Evolvente.

In den Zirkel	Kreis um	ergibt
$\overline{C a_1}$	a_2	Evolvente zwischen Grundkreis
$\overline{C b_1}$ u. s. f.	b_2	und Walzkreis am Rade „1"
$\overline{C m_1}$	m_2	Evolvente außerhalb des Walz-
$\overline{C n_1}$ u. s. f.	n_2	kreises am Rade „1"
$\overline{C r_1}$	r_2	Evolvente zwischen Grundkreis
$\overline{C s_1}$ u. s. f.	s_2	und Walzkreis am Rade „2"
$\overline{C x_1}$	x_2	Evolvente außerhalb des Walz-
$\overline{C y_1}$ u. s. f.	y_2	kreises am Rade „2"

Da die Eingriffstrecke nicht über N_1 und N_2 hinausreichen darf, sind ihre Endpunkte A und E innerhalb der Linie $N_1 N_2$ anzunehmen. Die Kopfkreise durch A und E um M_1 und M_2 ergeben die Kopfpunkte K_1 und K_2 und damit die Kopfhöhen. Rückwärts einschlagen ergibt die mit den Kopf-

punkten zusammen arbeitenden Punkte F_1 und F_2; die Verwendung normaler
Kopfhohen und ihre Wirkungen ist in Abschnitt VII besonders behandelt. Das
Verhältnis der zusammen arbeitenden Stücke ergibt die
Abnutzungscharakteristik (Abb. 20), die im Gegensatz
zur Zykloidenverzahnung auch nicht annähernd konstant
fur die Zahnkopfe und Zahnfuße ist. Die Abnutzung ist
am starksten an den Endpunkten, die Kopf- und Fußpunkte K und F werden am meisten beansprucht, besonders
am kleineren Rad. Durch diese Abnutzung geht bei länge-
rem Betrieb die Eingrifflinie an den Endpunkten allmahlich
in eine gekrümmte Linie über, so daß sich auch die Zahnkurven an diesen Stellen allmahlich Zykloiden nahern.

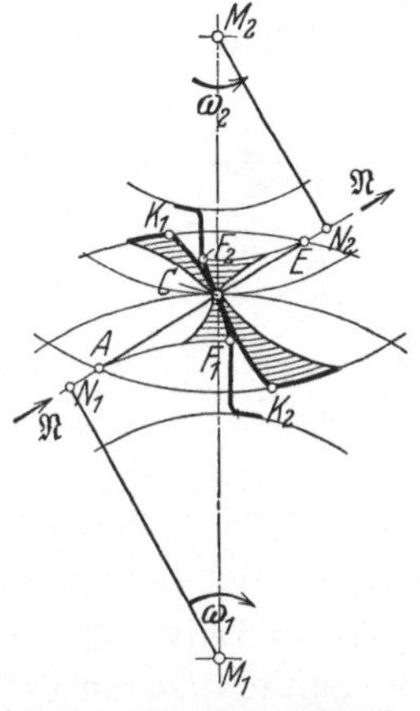

Abb 20 Abnutzungscharak-
teristik der Evolventen.

V. Eigenschaften der Evolventenzahnräder.

1. Der Normaldruck $\mathfrak{N}$ liegt stets in der Eingrifflinie,
er ist daher in Größe und Richtung unveranderlich (im
Gegensatz zur Zykloidenverzahnung) und greift stets am
Radius des Grundkreises als Hebelarm an (Abb. 17).

2. Alle Evolventenrader mit gleicher Teilung und glei-
chem Eingriffwinkel sind ohne weiteres Satzrader, da die Form der Evolvente (im
Gegensatz zur Zykloide) von dem Gegenrad unabhangig ist.

3. Zu jedem Grundkreis gehört nur eine Evolvente. Bei gleichem Grundkreis
und verschiedenen Eingriffwinkeln ($\alpha = 15°$, $20°$, $25°$, $30°$) werden nur verschiedene Teile derselben Kurve benutzt.

4. Die Eingrifflinie ist stets die Tangente an beide Grundkreise. Sie bildet
mit der Normalen auf der Mittenlinie im Zentralpunkt C den Eingriffwinkel. Die
Lage der fur die Herstellung benutzten Teilkreise ist hierfur gleichgultig. Wenn
bei der Aufstellung die Teilkreise sich nicht beruhren oder sich überschneiden,
erfolgt die Abwalzung in den Walzkreisen (siehe Abb. 45). Hieraus ergeben sich
fur die Aufstellung und Herstellung der Evolventenrader folgende Eigenarten im
Gegensatz zu den Zykloidenradern:

1. Solange die Eingrifflinie noch unverandert ist, sind neue Evolventenräder
unempfindlich gegen kleine Aufstellungsfehler.

2. Evolventenzahne brauchen nicht mit dem Eingriffwinkel α in den Walzkreisen, sondern können auch mit
einem hiervon abweichenden Schneidwinkel α_0 in den
Teilkreisen hergestellt werden (Schneiden mit Profilabruckung).

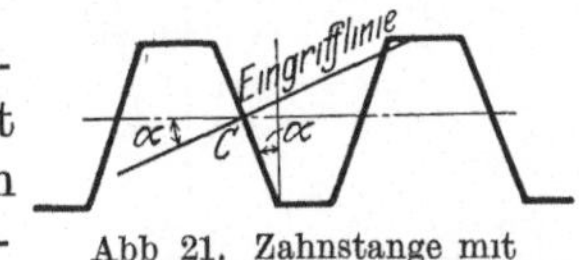

Abb 21. Zahnstange mit
Evolventenverzahnung.

3. Bei Innenverzahnung ist die Flanke des großen Rades konkav gekrümmt,
woraus sich gute Pressungsverhaltnisse und ein großer Überdeckungsgrad ergeben (Abb. 27).

4. Bei der Zahnstange ($R = \infty$) wird die Evolvente zu einer Geraden, die
senkrecht auf der Eingrifflinie steht. Sie erhalt also ein sehr einfaches Profil, das
bei der Herstellung benutzt wird (Abb. 21).

VI. Zahnradherstellung.

Dieser Abschnitt soll nur einen ganz kurzen Überblick geben, da ein zweites
Heft sich im besonderen mit der Herstellung befassen wird.

Die Zahne sollen nach Moglichkeit rein mechanisch hergestellt werden, ohne
daß das Zahnprofil vorher aufgezeichnet wird. Wenn die Walzkreise und ein

·Zahnprofil gegeben sind, muß im allgemeinen das Gegenprofil aufgezeichnet werden (Abb. 2). Durch das Profil des einen Rades ist das Profil des zweiten eindeutig bestimmt. Bei der Zykloidenverzahnung gehören zu jeder Zahnflanke drei Elemente, (der Teilkreis, der Rollkreis des Zahnrades selbst und der Roll-

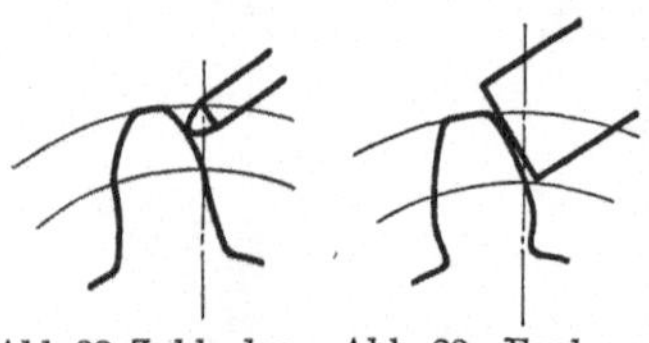

Abb. 22. Zykloidenherstellung mit Spitzstichel.   Abb. 23. Evolventenherstellung mit breiter Schneide.

kreis des Gegenrades), eine mechanische Herstellung ist zwar möglich, aber sehr schwierig. Da sich jede Zykloide aus einer konkaven Hypozykloide und einer konvexen Epizykloide zusammensetzt, kann sie nur mit einem Spitzstichel oder einem besonderen Profilwerkzeug hergestellt werden (Abb. 22). Bei Evolventen ist nur ein Element (der Grundkreis) vorgeschrieben. Da bei allen Außenverzahnungen nur konvexe Flächen zu bearbeiten sind, können sie rein mechanisch durch tangentiale Schnitte mit einer breiten Schneide bearbeitet werden (Abb. 23). Bei der Herstellung unterscheidet man Teil- und Wälzverfahren.

Beim **Teilverfahren** wird mit einem Werkzeug gearbeitet, das als Schneidkante die Zahnflanke aufweist oder an einer entsprechenden Schablone geführt wird. Es wird eine Zahnlücke geschnitten, das Rad um eine Teilung gedreht und die nächste Lücke geschnitten. Notwendig ist es, das Zahnprofil mit einem sehr großen Modul ($m = 50$ oder 100) aufzuzeichnen und es photographisch oder mechanisch zu verkleinern. Die einmalige Aufzeichnung genügt für alle Zahnräder gleicher Zähnezahl für alle Moduln.

Nach dem Werkzeug und der Art seiner Führung unterscheidet man folgende Teilverfahren:

a) **Teilfräsprozeß.** Die Lückenfräser werden als Scheibenfräser (Abb. 24) oder als Fingerfräser hergestellt (Abb. 25). Da Fingerfräser nur wenige Schneidkanten erhalten können, verwendet man sie nur da, wo es unbedingt notwendig ist (Pfeilzähne, Doppelpfeilzähne siehe Abschnitt XI).

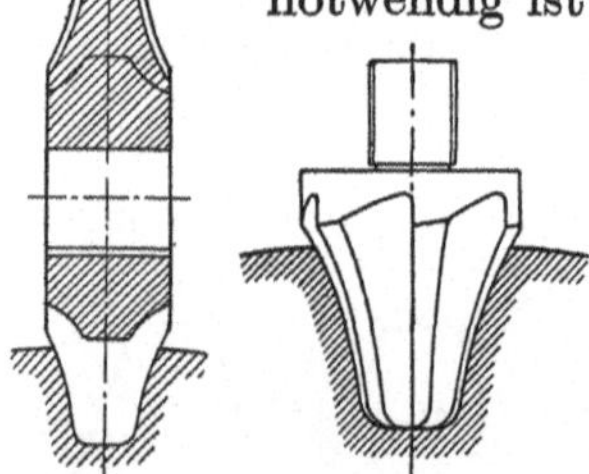

Abb. 24. Scheibenfräser.   Abb 25 Fingerfräser.

Bei Satzrädern, so bei Zykloidensatzrädern (gleiche Rollkreise für beide Räder) und bei Evolventenzahnrädern ist für jede Teilung und Zähnezahl theoretisch ein Fräser erforderlich, glanz geich, mit welchem Gegenrad das Rad gepaart wird. Sind die Räder nicht Satzräder, so ist für jede Teilung ein besonderes Fräserpaar erforderlich.

Die Fräser werden meistens in „Sätzen" benutzt. Mit einem Satzfräser wird nicht nur eine Zähnezahl, sondern ein Zahnezahlbereich erzeugt. Die Zahnform des Fräsers entspricht der kleinsten mit dem Fräser zu erzeugenden Zähnezahl.

Bis zum Modul $m = 10$ mm werden 8teilige, daruber hinaus 15teilige Fräsersatze benutzt. [8teiliger Frasersatz fur Zahnezahlen: $12 \div 13$, $14 \div 16$, $17 \div 20$, $21 \div 25$, $26 \div 34$, $35 \div 54$, $55 \div 134$, 135 bis Zahnstange. 15teiliger Frasersatz fur Zahnezahlen: 12, 13, 14, $15 \div 16$, $17 \div 18$, $19 \div 20$, $21 \div 22$, $23 \div 25$, $26 \div 29$, $30 \div 34$, $35 \div 41$, $42 \div 54$, $55 \div 79$, $80 \div 134$, 135 bis Zahnstange].

Um die Fräser zu schonen, werden die Zahne meist aus dem Vollen und aus nicht zu hartem Werkstoff geschnitten, da die Gußhaut den Fräser am stärksten abnutzt.

b) **Teilhobelprozeß:** Der Hobel wird unter Einschaltung einer Übersetzung an einer Schablone geführt, die das Zahnprofil aufweist. Die Ausfuhrung ist nicht so sauber wie beim Teilfräsprozeß. Benutzt wird der Teilhobelprozeß bei sehr großen Moduln, bei denen der Fräser zu groß ausfällt, und für vorgegossene Zähne.

c) **Teilstoßprozeß**: Die Zahnlücke wird mit entsprechend geformten Messern herausgestoßen.

Beim **Wälzverfahren** wird das Profil automatisch ohne vorheriges Aufzeichnen durch Abwälzen hergestellt.

a) **Wälzfräsprozeß**: Das geradlinige Zahnstangenprofil der Evolventenverzahnung (Abb. 21) kämmt richtig mit jedem Zahnrad gleichen Moduls, so daß es zum automatischen Ausschneiden benutzt werden kann. Beim Wälzfräsprozeß wird es als „Frässchnecke" aufgewickelt (Abb. 26). Für jeden Modul ist nur ein Wälzfraser notwendig, mit dem Zahnräder beliebiger Zähnezahl herstellbar sind. Um gerade Zähne zu erhalten, wird der Fräser schräg angestellt.

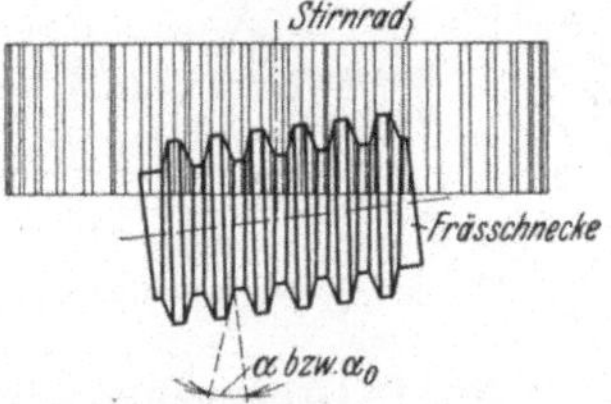

Abb. 26. Frasschnecke mit Zahnstangenprofil (Stirnradwalzfraser) schrag angestellt.

b) **Wälzstoßprozeß**: Verwandt wird ein Stoßrad (Fellows-Maschine), bei dem jeder Zahn als Werkzeug dient. Das Stoßrad ist ein Sekundärwerkzeug, das eine Evolvente als Zahnflanke aufweist, so daß die Nachprüfung erschwert wird; es ermöglicht allein genaue Innenverzahnungen (Abb. 27). An der Stoßmaschine von Maag wird ein Einzelstahl oder ein Stoßkamm als Werkzeug benutzt. Ein derartiges Werkzeug ist besonders leicht herzustellen, da es geradlinige Stoßkanten besitzt; es ermöglicht, gleichzeitig eine große Zahl aufeinander geschichteter Zahnräder gleichen Moduls und gleicher Zähnezahl herzustellen.

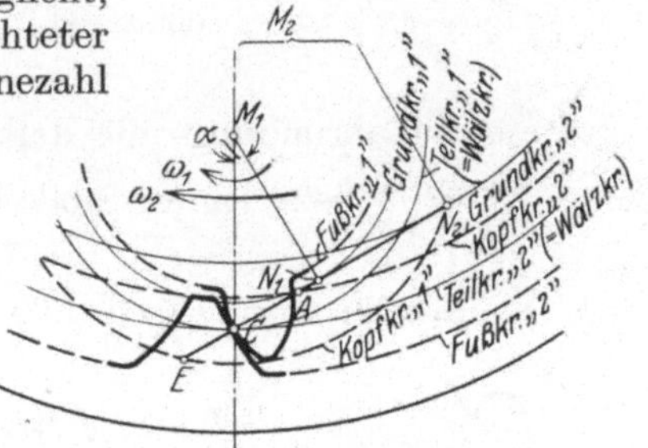

Abb. 27. Innenverzahnung.

Die Genauigkeit, die erforderlich ist, richtet sich nach dem jeweiligen Verwendungszweck. Bei Haushaltungsmaschinen, kleinen Hebezeugen und ähnlichem ist große Genauigkeit nicht erforderlich, so daß vielfach gegossene Zahnräder genügen. Dagegen ist große Genauigkeit notwendig bei großer Geschwindigkeit und großen Leistungen (Zahnradumformer) oder bei genauen Werkzeugmaschinen, bei denen, wie bei Drehbanken zum Gewindeschneiden und bei Schleifmaschinen, die Verzahnungsfehler der Zahnrader am Werkstück „kopiert" erscheinen (Rattermarken). Die Vorzüge der Evolventen, die zu ihrer fast ausschließlichen Benutzung geführt haben, beruhen alle darauf, daß für jedes Rad nur ein Element (der Grundkreis) vorgeschrieben ist, woraus folgt:

a) allgemeine Satzrädereigenschaft,

b) rein mechanische Herstellung im Wälzverfahren,

c) kleine Fräserzahl im Teilfrasverfahren.

VII. Grenzzähnezahlen der Evolventenverzahnung.

Während die Zykloiden durch Änderung der Rollkreise stark anpassungsfahig sind, ergeben sich bei den Evolventen unter Verwendung normaler Kopf- und Fußhohen bestimmte Grenzzahnezahlen, bei denen wesentliche Änderungen der Zahnform eintreten. Der Fräser muß bis zum Zahngrund des erzeugten Rades reichen, er hat also die Fußhöhe $h'' = \varkappa'' \cdot m$ als Kopfhöhe. Die Evolvente braucht aber nur so weit ausgeschnitten zu werden, daß die Kopfhohe des Gegenrades $h' = \varkappa' \cdot m$ richtig kämmt. Von dieser Stelle ab erfolgt eine Abrundung mit dem Radius r'', so daß sich hieraus die für das Ausschneiden der Evolvente maßgebende Fraserkante ergibt (Abb. 28).

Es ist: $\sin\alpha = \dfrac{r'' - (\varkappa'' - \varkappa') \cdot m}{r''}$; $r'' = \dfrac{\varkappa'' - \varkappa'}{1 - \sin\alpha} \cdot m$ und für normale Kopf- und Fußhöhen (siehe Abschnitt I):

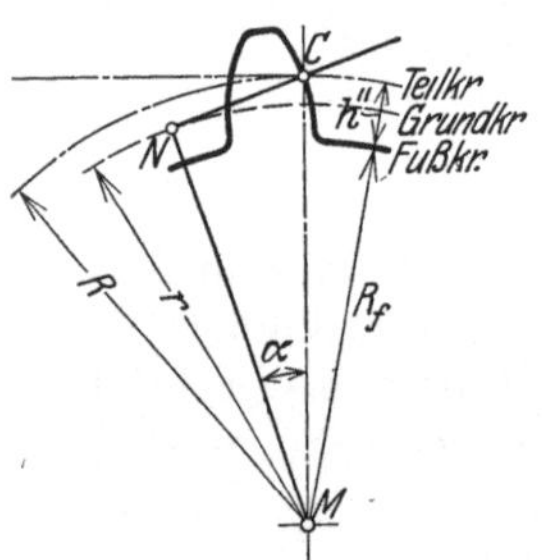

Abb. 28. Kopfabrundung des Frasers.

Tabelle 8. Kopfabrundung der Fraser.

	bei unbearbeiteten gegossenen Zahnen	bei bearbeiteten Zahnen	
$\varkappa' =$	$0,3\pi = 0,9425$	1	1
$\varkappa'' =$	$0,4\pi = 1,2566$	$7/6 = 1,167$	$1,2$
$\alpha = 15°$	$r'' = 0,424\,m$	$0,225\,m$	$0,270\,m$
$20°$	$0,477\,m$	$0,254\,m$	$0,304\,m$
$25°$	$0,544\,m$	$0,289\,m$	$0,347\,m$
$30°$	$0,628\,m$	$0,333\,m$	$0,400\,m$

Die I. Grenzzähnezahl entsteht durch den radialen Fußansatz, den alle unterhalb dieser Grenzzahnezahl liegenden Zahnezahlen besitzen. Entsprechend Abb. 29 ist der Fußkreishalbmesser $R_f = \dfrac{Z}{2} \cdot m - h''$, der Grundkreishalbmesser $r = \dfrac{Z}{2}\cos\alpha \cdot m$. Bei Zähnen mit normaler Kopf- und Fußhöhe ohne Fußabrundung ist die Grenzzähnezahl Z_I vorhanden, wenn $r = R_f$ oder

$$\frac{Z_I}{2} - \varkappa'' = \frac{Z_I}{2} \cdot \cos\alpha \quad \text{ist, demnach ist} \quad Z_I = \frac{2\varkappa''}{1 - \cos\alpha} = \frac{\varkappa''}{\sin^2\dfrac{\alpha}{2}}.$$

Ist die Fußabrundung mit dem Radius r'' vorhanden (Abb. 30), tritt der Radius $R_f' = \left(\dfrac{Z}{2} - \varkappa'\right) m$ an Stelle des Fußkreishalbmessers, so daß $Z_I = \dfrac{\varkappa'}{\sin^2\dfrac{\alpha}{2}}$

wird. Die Tabelle enthalt (wie alle folgenden Tabellen) die errechneten Großen; da alle Zähnezahlen stets ganze Zahlen sind, zeigen alle oberhalb dieser Zahlen liegenden keinen Fußansatz, die darunter liegenden haben ihn.

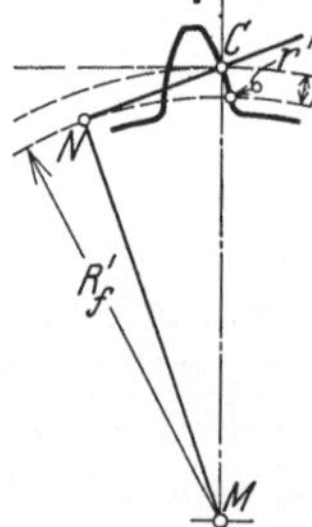

Abb. 29 Radialer Fußansatz.

Abb. 30. I. Grenzzahnezahl mit Fußansatz.

Tabelle 9. I. Grenzzähnezahl.

$\alpha =$	mit Fußabrundung $\varkappa' = 1$	ohne Fußabrundung	
		$\varkappa'' = {}^7\!/_6\,m$	$\varkappa'' = 1,2\,m$
$15°$	$58,7$	$68,4$	$70,5$
$20°$	$33,2$	$38,7$	$39,8$
$25°$	$21,4$	$24,9$	$25,6$
$30°$	$14,9$	$17,4$	$17,9$

Wird der Fußansatz wirklich radial ausgefuhrt, entsteht ein Unterschnitt erster Art, der Zahn wird an der Wurzel schwacher als am Teilkreis. Wird die Form des Lückenfrasers selbst durch Abwälzen hergestellt, entsteht die Verstarkung bis zur relativen Kopfbahn (Abb. 15). Die Stoßrader des Walzstoßverfahrens liegen meist unterhalb der ersten Grenzzahnezahl und weisen den radialen Fußansatz auf.

Eine II. Grenzzähnezahl, tiefer liegend fur Unterschnitt, entsteht bei den Walzverfahren. Zum Schneiden ist der schneckenformige Fraser nicht nur bis zum Zahnkopf, sondern länger bis zum Zahnfuß ausgebildet. Durch die Kopfabrundung tritt an Stelle der Fraserkopfspitze Sp die maßgebende Fräserkante (Abb. 28). Sie raumt den Zahnfuß entsprechend ihrer relativen Kopfbahn bis zum Schnittpunkt P des Zahnprofils mit der maßgebenden Kante des Fräsers (Abb. 31), bzw.

des Stoßrades (Abb. 32) aus. Nur bis zu diesem Punkt P wird infolgedessen die Evolvente ausgeschnitten, das Stück der Evolvente bis zum Grundkreis fällt fort. Das eingriffähige Gebiet der Eingrifflinie wird um das Stuck $N'P$ gekürzt. Als

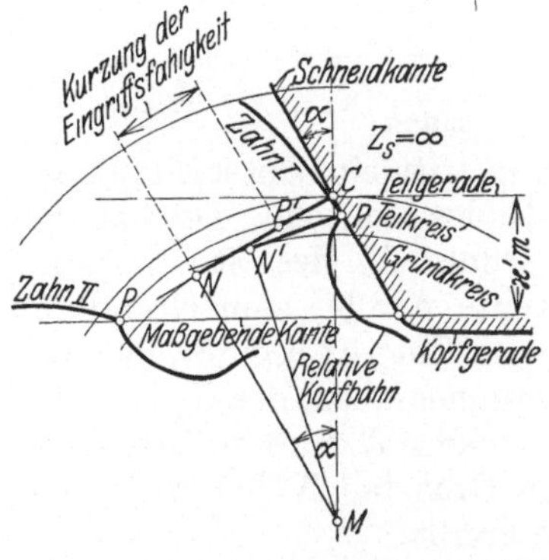

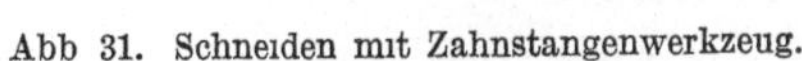

Abb 31. Schneiden mit Zahnstangenwerkzeug.

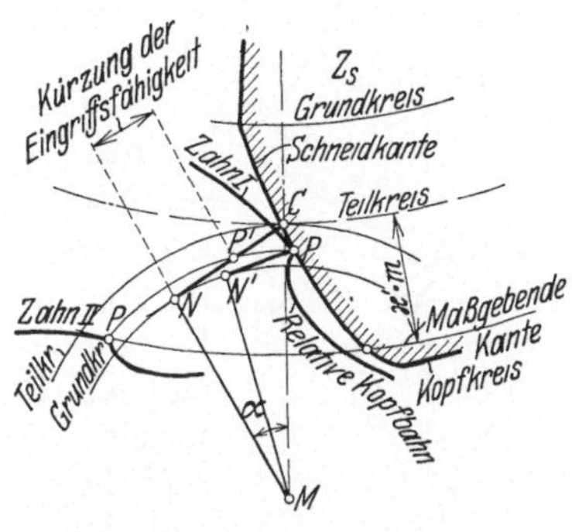

Abb. 32 Schneiden mit Walzstoßrad.

Tangenten am Grundkreis bis zu dem durch P gehenden Kreis sind die Stücke $N'P$ und NP' längengleich. Dieser Unterschnitt zweiter Art ist größer als der erster Art und mit einer Minderung der Eingriffähigkeit verbunden. Die Grenzzahnezahl Z_{II} ist gegeben, wenn am nächsten Zahn (Zahn II) die Punkte N und P zusammenfallen. Fur Zahnstangenwerkzeuge (Abwälzfräser, Maagscher Kamm, Abb. 33) ist

$$r = R \cdot \cos\alpha = \frac{Z_{II}}{2} \cdot \cos\alpha \cdot m \; ;$$

$$\cos\alpha = \frac{R - \varkappa' m}{r} = \frac{\dfrac{Z_{II}}{2} - \varkappa'}{\dfrac{Z_{II}}{2} \cdot \cos\alpha} \, ,$$

$$\frac{Z_{II}}{2} (1 - \cos^2\alpha) = \varkappa' \quad \text{und} \quad Z_{II} = \frac{2\varkappa'}{1 - \cos^2\alpha} = \frac{2\varkappa'}{\sin^2\alpha} \, .$$

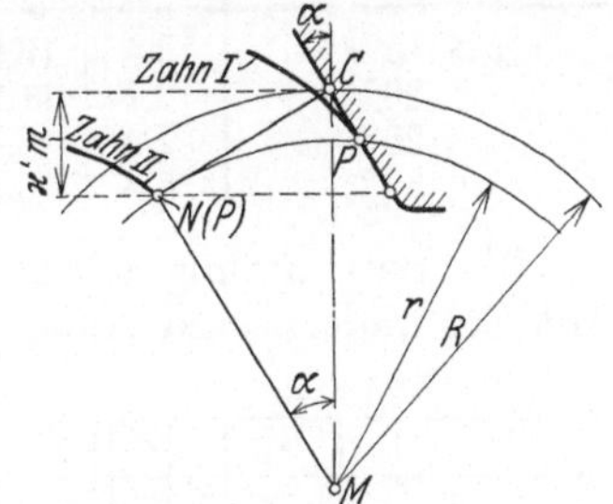

Abb. 33. Grenzfall fur II. Grenzzahnezahl bei Zahnstangenwerkzeug

II. **Grenzzahnezahl fur Herstellung mit Zahnstangenwerkzeug** ($\varkappa' = 1$).

$\alpha =$	15°	20°	25°	30°
$Z_{II} =$	29,8	17,1	11,2	8

Für Zahnstangenwerkzeug ist die schneidende Zähnezahl $Z_s = \infty$. Fur Stoßrader ist die Bedingung, Zusammenfallen der Punkte N und P am Zahn II, dieselbe. Nach Abb. 34 ist fur diesen Grenzfall am Stoßrad bei Außenverzahnung

$$N N_S = \sqrt{(R_S + \varkappa' \cdot m)^2 - r_S^2} \quad \text{und mit} \quad R_S = \frac{Z_s}{2} m \, ,$$

$$r_s = R_s \cdot \cos\alpha = \frac{Z_s}{2} \cdot \cos\alpha \cdot m$$

wird

$$N N_s = m \sqrt{\left(\frac{Z_s}{2} + \varkappa'\right)^2 - \frac{Z_s^2}{4} \cos^2\alpha} = m \sqrt{\frac{Z_s^2}{4} \sin^2\alpha + \varkappa' \cdot Z_s + \varkappa'^2} \, .$$

Es ist die Strecke $N_s C = R_s \cdot \sin\alpha = \frac{Z_s}{2} \cdot \sin\alpha \cdot m$ und

$$NC = N N_s - N_s C = m \left[\sqrt{\frac{Z_s^2}{4} \cdot \sin^2\alpha + \varkappa' \cdot Z_s + \varkappa'^2} - \frac{Z_s}{2} \cdot \sin\alpha \right] \, .$$

Andererseits ist am geschnittenen Rad

$$NC = R \cdot \sin\alpha = \frac{Z_{II}}{2} \cdot m \cdot \sin\alpha \, ,$$

so daß

$$\sqrt{\frac{Z_s{}^2}{4} \cdot \sin^2 \alpha + \varkappa' Z_s + \varkappa'{}^2} - \frac{Z_s}{2} \cdot \sin \alpha = \frac{Z_{II}}{2} \cdot \sin \alpha$$

ist, woraus sich ergibt:

$$Z_{II} = \sqrt{Z_s{}^2 + \frac{4\varkappa'}{\sin^2 \alpha}(Z_s + \varkappa')} - Z_s .$$

Bei Innenverzahnung tritt ein Unterschnitt am Zahnfuß des geschnittenen Rades nicht ein. Der Zahnkopf darf aber nicht über den Punkt N_s des Stoßrades (Abb. 34) reichen, da die Evolvente nur bis zum Grundkreis geht. Der Punkt A, bei dem der Eingriff beginnt, darf höchstens mit dem Punkt N_s zusammenfallen, der N_1 in Abb. 27 entspricht. Die Eingriffstrecke AE muß außerhalb der Linie $N N_s$ liegen, so daß im Grenzfall $NC = N N_s + N_s C$ ist, und sich entsprechend ergibt:

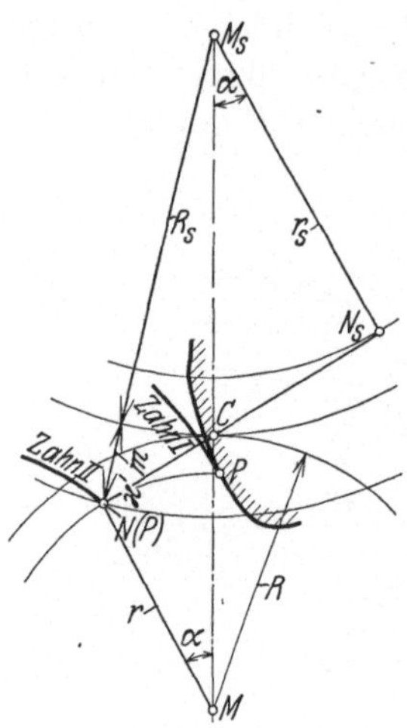

Abb. 34. Grenzfall fur II. Grenzzahnezahl bei Walzstoßrad.

$$Z_{II} = \sqrt{Z_s{}^2 + \frac{4\varkappa'}{\sin^2 \alpha}(Z_s + \varkappa'{}^2)} + Z_s .$$

Tabelle 10.

II. Grenzzähnezahl fur Stoßradherstellung und normale Kopfhöhe ($\varkappa' = 1$).

Zahnezahl des Stoßrades Z_S	Außenverzahnung					Innenverzahnung				
	4	8	12	16	20	4	8	12	16	20
$\alpha = 15°$	13,4	16,5	18,3	19,6	20,6	21,4	32,5	42,3	51,2	60,7
20°	9,7	11,3	12,2	12,8	13,4	17,7	27,3	36,2	44,8	53,4
25°	7,4	8,4	8,9	9,2	9,5	15,4	24,4	32,9	41,2	49,5
30°	5,8	6,4	6,8	7,0	7,1	13,8	22,4	30,8	39,0	47,1

Die Bestimmung ergibt sich am einfachsten aus der Auftragung (Abb. 35). Mit Stoßrädern sind Außenverzahnung mit erheblich kleinerer Zähnezahl unterschnittfrei herzustellen als mit Stangenwerkzeugen, Innenverzahnungen sind nur mit Stoßrädern zu erzielen. Größere Zahnezahlen als Z_{II} sind mit normalen Kopfhöhen immer einwandfrei.

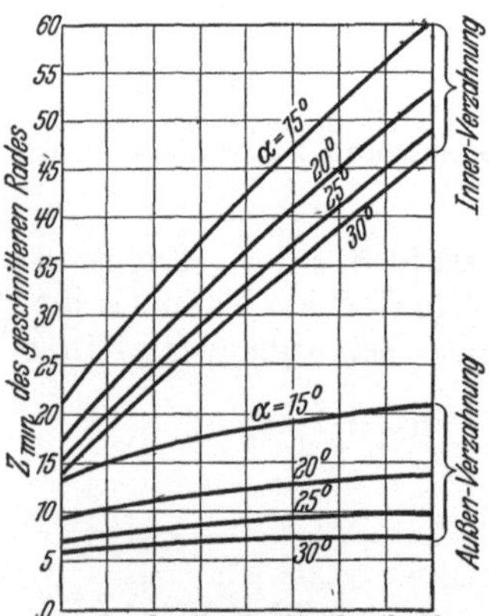

Zwei weitere Grenzzähnezahlen ergeben sich aus der Paarung der geschnittenen Räder im Betrieb.

Die III. Grenzzähnezahl ist die kleinste zulässige Zähnezahl des kleineren Rades einer Paarung für ein gegebenes Übersetzungsverhältnis und gleichem, normalen Kopfeingriff beider Räder. Der geometrische Zusammenhang ist nach Abb. 36 (Außenverzahnung) und Abb. 37 (Innenverzahnung) entsprechend den schraffierten Dreiecken ersichtlich. Es ist

Abb 35 II. Grenzzahnezahl fur Stoßradherstellung.

$$N_1 C = R_1 \cdot \sin \alpha = \frac{Z_1}{2} \cdot \sin \alpha \cdot m ,$$

$$N_2 C = R_2 \cdot \sin \alpha = \frac{Z_2}{2} \cdot \sin \alpha \cdot m \quad \text{und}$$

$$N_1 E = \sqrt{R_{k_1}^2 - r_1{}^2} = \sqrt{\left(\frac{Z_1}{2} + \varkappa'\right)^2 \cdot m^2 - \frac{Z_1{}^2}{4} \cdot \cos^2 \alpha \cdot m^2} = m\sqrt{\frac{Z_1{}^2}{4} \cdot \sin^2 \alpha + \varkappa' \cdot Z_1 + \varkappa'^2} ;$$

ebenso

$$N_2 A = m\sqrt{\frac{Z_2{}^2}{4} \cdot \sin^2 \alpha + \varkappa' \cdot Z_2 + \varkappa'{}^2} .$$

Da der Kopfkreis des kleineren Rades den Punkt N_1 bestimmt, ist die kleinste zulässige Zahnezahl Z_{III_1} des kleinen Rades dann gegeben, wenn N_1 und A zusammenfallen.

Für Außenverzahnung (Abb. 36) ist hierfür: $CA = N_1 C = N_2 A - N_2 C$, für Innenverzahnung (Abb. 37): $CA = N_1 C = N_2 C - N_2 A$, oder allgemein $CA = \pm\,(N_2 A - N_2 C)$. Unter Forthebung des Moduls m ist also für die III. Grenzzähnezahl:

$$\frac{Z_{III_1}}{2} \cdot \sin\alpha = \pm\left(\sqrt{\frac{Z_{III_2}^2}{4} \cdot \sin^2\alpha + \varkappa' \cdot Z_{III_2} + \varkappa'^2} - \frac{Z_{III_2}}{2} \cdot \sin\alpha\right) \quad \text{und}$$

$$\pm\sqrt{\frac{Z_{III_2}^2}{4} \cdot \sin^2\alpha + \varkappa' \cdot Z_{III_2} + \varkappa'^2} = \frac{1}{2} \cdot \sin\alpha\,(Z_{III_2} \pm Z_{III_1}).$$

Quadrieren und Fortheben der gleichen Summanden ergibt:

$$\varkappa' \cdot Z_{III_2} + \varkappa'^2 = \frac{1}{4} \cdot \sin^2\alpha\,(Z_{III_1}^2 \pm 2 Z_{III_1} \cdot Z_{III_2}).$$

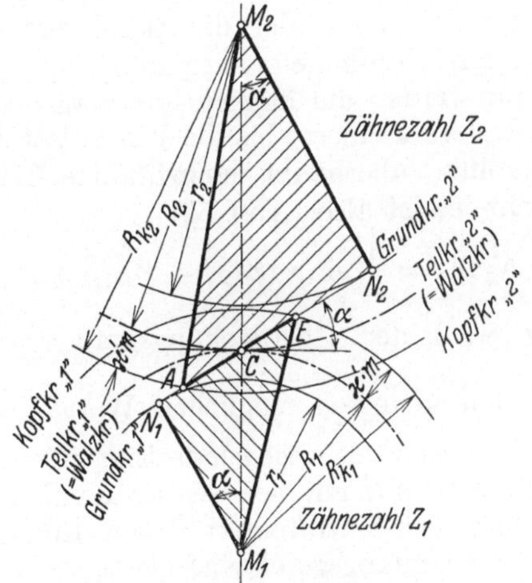

Abb. 36. Geometrischer Zusammenhang für Außenverzahnung.

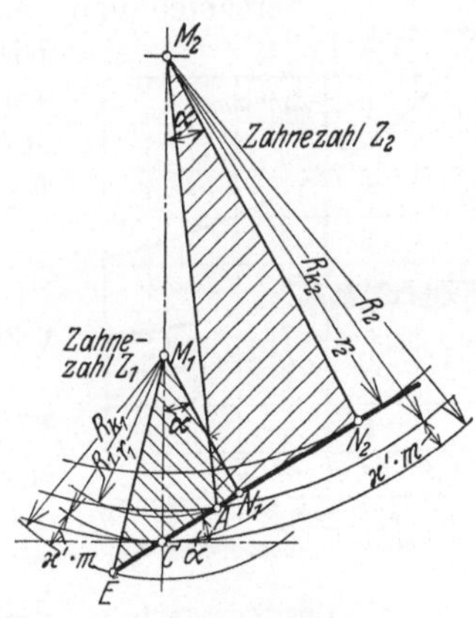

Abb 37. Geometrischer Zusammenhang für Innenverzahnung.

Das Übersetzungsverhältnis ist $i = \dfrac{Z_{III_1}}{Z_{III_2}}$. Da Z_{III_1} die Zähnezahl des kleinen Rades ist, ist immer $i < 1$. Einsetzen führt zu:

$$\varkappa' \cdot \frac{Z_{III_1}}{i} + \varkappa'^2 = \frac{1}{4} \cdot \sin^2\alpha\left(Z_{III_1}^2 \pm \frac{2}{i} \cdot Z_{III_1}^2\right) = Z_{III_1}^2 \cdot \sin^2\alpha \cdot \frac{i \pm 2}{4i}$$

und damit zu der quadratischen Gleichung:

$$Z_{III_1}^2 - \frac{4\varkappa'}{(i \pm 2)\sin^2\alpha} \cdot Z_{III_1} - \frac{4i \cdot \varkappa'^2}{(i \pm 2)\sin^2\alpha} = 0$$

und ihrer Lösung:

$$Z_{III_1} = \frac{2\varkappa'}{(i \pm 2)\sin^2\alpha} + \sqrt{\frac{4i\varkappa'^2}{(i \pm 2)\sin^2\alpha} + \frac{4\varkappa'^2}{(i \pm 2)^2\sin^4\alpha}}$$

$$= \frac{2\varkappa'}{(i \pm 2)\sin^2\alpha}\left(1 + \sqrt{i(i \pm 2)\sin^2\alpha + 1}\right).$$

Das positive Vorzeichen des Ausdrucks $i \pm 2$ gilt für Außenverzahnung, das negative für Innenverzahnung. Für die Zahnstange ist: $i = \dfrac{1}{\infty} = 0$, also

$$Z_{III_1} = \frac{2\varkappa'}{2\sin^2\alpha}\left(1 + \sqrt{0 + 1}\right) = \frac{2\varkappa'}{\sin^2\alpha},$$

übereinstimmend mit der Grenzzähnezahl II für Zahnstangenwerkzeuge, da das Rad und das Werkzeug bereits eine Paarung bilden. Ebenso vertritt bei der Herstellung im Wälzstoßverfahren die Zähnezahl des Stoßrades Z_S die des kleineren Rades Z_{III_1}.

Tabelle 11. III. Grenzzahnezahl fur normale Kopfhöhen ($\varkappa' = 1$).

$i =$	Außenverzahnung					Zahn-stange	Innenverzahnung				
	$\dfrac{1}{1}$	$\dfrac{1}{1,5}$	$\dfrac{1}{2}$	$\dfrac{1}{4}$	$\dfrac{1}{8}$	$\dfrac{1}{\infty}$	$\dfrac{1}{8}$	$\dfrac{1}{4}$	$\dfrac{1}{2}$	$\dfrac{1}{1,5}$	$\dfrac{1}{1}$
$\alpha = 15°$	20,8	22,4	24,4	26,7	28,3	29,8	31,6	33,9	39,3	47,0	58,6
20°	12,3	13,2	14,2	15,5	16,4	17,1	18,1	19,3	22,3	26,6	33,2
25°	8,4	8,8	9,5	10,2	10,8	11,2	11,9	12,5	14,4	16,8	21,4
30°	6,2	6,6	6,9	7,4	7,8	8	8,4	8,9	10,2	12,0	15

Abb. 38 zeigt die entsprechenden Kurven.

Die IV. Grenzzähnezahl entsteht, wenn auf die Bedingung normalen Kopfeingriffs verzichtet wird oder die Zahnköpfe mit verschiedenen, also abnormen Kopfhöhen ausgeführt werden. Die Zahnköpfe werden am kleinen Rad vergrößert, am großen Rad verkleinert, bis die Eingriffstrecke AE ihre größte, uberhaupt eingriffähige Lànge N_1N_2 erreicht, es ist also (Abb. 39)

$$AE = N_1 N_2 = \frac{1}{2}\sin\alpha\,(Z_{IV_1} + Z_{IV_2})\,m\,.$$

Gleichzeitig wird der Überdeckungsgrad $\varepsilon = \dfrac{e}{t}$

$= \dfrac{e}{\pi \cdot m}$ auf den kleinsten möglichen Wert $\varepsilon = 1$ verkleinert. Während der wechselnde Eingriffpunkt die Eingriffstrecke AE mit der Geschwindigkeit v' zurücklegt, legt der Zentralpunkt C den Eingriffbogen e mit der Umfangsgeschwindigkeit v zurück. Da die Eingrifflinie die Grundkreise tangiert, ist

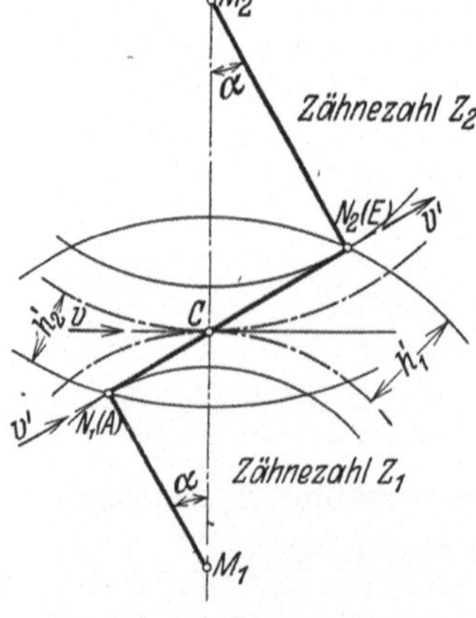

Abb 38. III. Grenzzahnezahl.

die Geschwindigkeit v' gleich der Umfangsgeschwindigkeit in den Grundkreisen. Es ist $v' = v \cdot \dfrac{r}{R} = v \cdot \cos\alpha$. Eingriffbogen und Eingriffstrecke werden in der gleichen Zeit zurückgelegt, die sich ergibt aus: $\dfrac{e}{v} = \dfrac{AE}{v'}$;

Der Eingriffbogen ist $e = \dfrac{AE}{\cos\alpha}$, der Überdeckungsgrad für den äußersten Grenzfall:

$$\varepsilon = 1 = \frac{AE}{\pi \cdot m \cos\alpha} = \frac{\operatorname{tg}\alpha}{2\pi}(Z_{IV_1} + Z_{IV_2})$$

und hieraus die kleinste überhaupt mögliche Zähnezahl:

$$Z_{IV_1} + Z_{IV_2} = \frac{2\pi}{\operatorname{tg}\alpha} = 2\pi\operatorname{ctg}\alpha\,.$$

Abb. 39. IV. Grenzzahnezahl fur Außenverzahnung.

IV. Grenzzahnezahl fur abnorme Kopfhöhen.

	$\alpha = 15°$	20°	25°	30°
$Z_{IV_1} + Z_{IV_2} =$	23,5	17,3	13,5	10,9

VIII. Überdeckungsgrad, Zahndruck, Achsdruck.

Nach den geometrischen Beziehungen (Abb. 36 u. 37) kann der vorhandene Überdeckungsgrad eines Raderpaares ohne Aufzeichnung der Evolventen errechnet werden, wenn das kleine Rad mindestens die der Übersetzung entsprechende Grenzzähnezahl III bei normalen oder Grenzzähnezahl IV bei abnormen Kopfhöhen aufweist. Es ist:

$$\varepsilon = \frac{AE}{\pi\, m \cos\alpha} = \frac{CE + AC}{\pi\, m \cos\alpha} = \varepsilon_1 + \varepsilon_2;$$

für Außenverzahnung ist: $AC = N_2 A - N_2 C$; $CE = N_1 E - N_1 C$, für Innenverzahnung: $AC = N_2 C - N_2 A$, $CE = N_1 E - N_1 C$. Durch Einsetzen wird fur Außen- und Innenverzahnung:

$$\varepsilon_1 = \sqrt{\frac{\mathrm{tg}^2\alpha}{4\pi^2} Z_1^{\,2} + \frac{1}{\pi^{\circ} \cos^2\alpha}(\varkappa' Z_1 + \varkappa'^2)} - \frac{\mathrm{tg}\,\alpha}{2\pi} Z_1 = \sqrt{k_1 \cdot Z_1^{\,2} + k_2(\varkappa' Z_1 + \varkappa'^2)} - k_3 Z_1.$$

Ebenso ist:
$$\varepsilon_2 = \pm\left[\sqrt{k_1 Z_2^{\,2} + k_2(\varkappa' Z_2 + \varkappa'^2)} - k_3 Z_2\right].$$

Hierin ist ε_1 der hinter dem Zentralpunkt C liegende Teil des Überdeckungsgrades, der nur von der Zahnezahl Z_1 abhangig ist, ε_2 der vor dem Zentralpunkt liegende Teil, der von der Zahnezahl Z_2 des getriebenen Rades abhängig ist, das $+$-Zeichen gilt für Außenverzahnung, nach $-$-Zeichen für Innenverzahnung. Bei abnormen Kopfhöhen ist $\varkappa'$ in ε_1 für das Rad „1", $\varkappa'$ in ε_2 für das Rad „2" verschieden. Für die Zahnstange ist statt Z_1 zu setzen Z, Z_2 wird ∞, so daß $\varepsilon_2 = \pm(\sqrt{\infty + \infty} - \infty)$ einen unbestimmten Wert ergibt. Den wahren Wert erhalt man aus: $\mp(\varepsilon_2 + k_3 Z_2)^2 = k_1 Z_2^{\,2} + k_2(\varkappa' Z_2 + \varkappa'^2)$.

Unter Einsetzen der einzelnen Konstanten und Fortheben der gleichen Glieder wird:

$$\varepsilon_2^{\,2} - \frac{\varkappa'^2}{\pi^2 \cos^2\alpha} = Z_2\left(\frac{\varkappa'}{\pi^2 \cos^2\alpha} - \frac{\mathrm{tg}\,\alpha}{\pi}\cdot\varepsilon_2\right) \quad\text{und}\quad \frac{\dfrac{\varkappa'}{\pi^2 \cos^2\alpha} - \dfrac{\mathrm{tg}\,\alpha}{\pi}\cdot\varepsilon_2}{\varepsilon_2^{\,2} - \dfrac{\varkappa'^2}{\pi^2 \cos^2\alpha}} = \frac{1}{Z_2} = 0.$$

Das ist nur möglich für $\dfrac{\mathrm{tg}\,\alpha}{\pi}\cdot\varepsilon_2 = \dfrac{\varkappa'}{\pi^2 \cos^2\alpha}$, womit ist:

$$\varepsilon_2 = \frac{\varkappa'\pi}{\pi^2 \cos^2\alpha\,\mathrm{tg}\,\alpha} = \frac{\varkappa'}{\pi \sin\alpha \cos\alpha} = \frac{2\varkappa'}{\pi \sin 2\alpha} \quad\text{und}\quad \varepsilon = \sqrt{k_1\cdot Z^2 + k_2(\varkappa' Z + \varkappa'^2)} - k_3 Z + k_4\cdot\varkappa'.$$

Tabelle 12. Konstanten zur Errechnung des Überdeckungsgrades.

	k_1	k_2	k_3	k_4
$\alpha = 15°$	$1{,}82 \cdot 10^{-3}$	$1{,}087 \cdot 10^{-1}$	$4{,}26 \cdot 10^{-2}$	$1{,}275$
$20°$	$3{,}36 \cdot 10^{-3}$	$1{,}148 \cdot 10^{-1}$	$5{,}78 \cdot 10^{-2}$	$0{,}989$
$25°$	$5{,}51 \cdot 10^{-3}$	$1{,}239 \cdot 10^{-1}$	$7{,}41 \cdot 10^{-2}$	$0{,}831$
$30°$	$8{,}33 \cdot 10^{-3}$	$1{,}357 \cdot 10^{-1}$	$9{,}18 \cdot 10^{-2}$	$0{,}735$

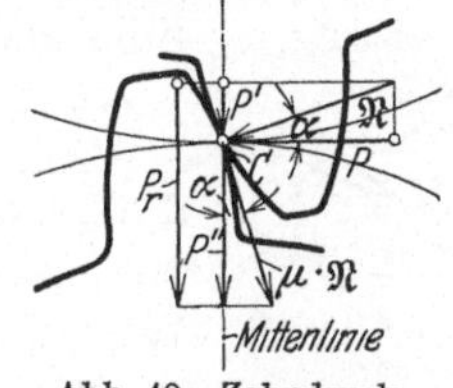

Abb. 40. Zahndruck.

Die Normalkraft $\mathfrak{N}$ und die Umfangskraft P, die mit der Umfangsgeschwindigkeit die übertragene Leistung $\dfrac{P\cdot v}{75}$ PS $\left(\dfrac{P\cdot v}{102}\text{ kW}\right)$ ergibt, bilden den Eingriffwinkel α (Abb. 40), so daß auf die Welle die radiale Kraft $P' = P\,\mathrm{tg}\,\alpha$ wirkt, die die beiden Räder auseinanderdruckt. Die Reibungskraft $\mu\cdot\mathfrak{N}$ bildet mit der Mittenlinie ebenfalls den Winkel α, ihre radiale Komponente $P'' = \mu\cdot P$ druckt die Rader ebenfalls auseinander. Die gesamte radiale Komponente des Zahndrucks betragt also: $P_r = P(\mathrm{tg}\,\alpha + \mu)$. Der Achsdruck des montierten Rades besteht aus der Radialkraft P_r und der am Hebelarm R wirkenden Umfangskraft P, die ersetzt wird durch das nutzbare Drehmoment $M_d = P\cdot R$

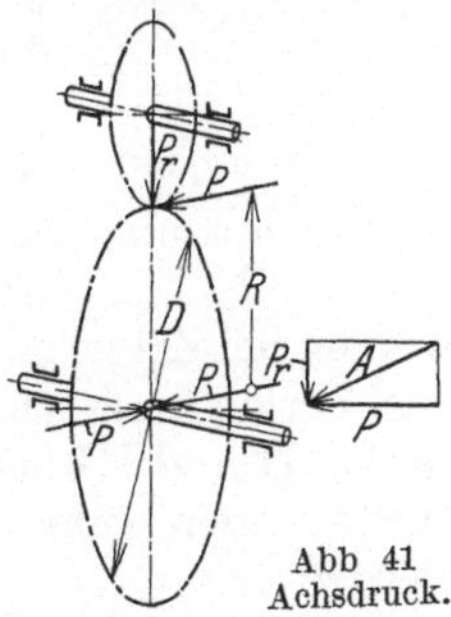

Abb 41 Achsdruck.

und die auf die Welle oder Achse wirkende Einzelkraft P (Abb. 41). Die Welle wird beansprucht:

auf Verdrehung durch das nutzbare Drehmoment M_d,

auf Biegung durch den resultierenden Achsdruck $A = P\sqrt{1 + (\operatorname{tg}\alpha + \mu)^2}$.

Tabelle 13.
Konstanten für Zahn- und Achsdruck.

	$\mu = 0,15$		0,1		0,05	
	k_r	k_a	k_r	k_a	k_r	k_a
$\alpha = 15°$	0,418	1,084	0,368	1,066	0,318	1,049
20°	0,514	1,124	0,464	1,102	0,414	1,082
25°	0,616	1,175	0,566	1,149	0,516	1,125
30°	0,727	1,237	0,677	1,208	0,627	1,180

Als Reibungskoeffizient ist etwa zu rechnen:

$\mu \approx 0,15$ für unbearbeitete Zähne;

$\approx 0,1$ für bearbeitete, in Luft umlaufende Triebwerksräder;

$\approx 0,05$ für Zahnräder mit bester Bearbeitung und dauernder Schmierung durch zuströmendes Öl (Zahnradumformer).

Es ergibt sich also $P_r = k_r \cdot P$ und $A = k_a \cdot P$ mit k_r und k_a nach obiger Tabelle.

IX. Die Wahl des Eingriffwinkels.

Mit steigendem Eingriffwinkel α fallen sämtliche Grenzzähnezahlen. Mit der Grenzzähnezahl I wird die Zahnlücke offener, so daß sich eine bessere Herstellung im Teilfräsprozeß mit Lückenfräsern ergibt. Bei kleinerer Grenzzähnezahl II lassen sich im Wälzfräsverfahren kleinere Getriebe ohne Unterschnitt herstellen. Eine kleinere Grenzzähnezahl III ergibt einwandfreie Getriebe bis zu kleineren Zähnezahlen mit normalen Kopfhöhen, d. h. mit normalen Werkzeugen und ohne besondere Maßregeln. Das Gebiet zwischen der III. und IV. Grenzzähnezahl kann durch besondere Maßregeln (korrigierte Verzahnungen) noch erreicht werden; mit größerem Eingriffwinkel wird auch dieses Gebiet nach unten erweitert. Noch kleinere Zähnezahlen als die IV. Grenzzähnezahl sind überhaupt nicht zu erreichen. Mit größerem Eingriffwinkel werden flachere Teile der Evolvente benutzt, die größere Krümmungsradien besitzen und günstig für die sog. Walzenfestigkeit wirken. Diesen Vorteilen stehen folgende Nachteile gegenüber:

a) Die Zähne werden spitzer.

b) Der als Eingriffstrecke brauchbare Teil AE der Eingrifflinie und damit der Überdeckungsgrad ε wird kleiner (Abb. 42).

c) Der Achsdruck wird etwas größer.

Der übliche Winkel war früher $14\tfrac{1}{2}°$ oder $15°$. Als Begründung für den $15°$-Winkel ist nur anzugeben, daß er sich mit dem $30°$- und $45°$-Dreieck am einfachsten aufzeichnen läßt. Für diese Winkel liegen aber alle 4 Grenzzähnezahlen so hoch, daß die meisten, im laufenden Betrieb erforderlichen Zahngetriebe sich nicht mit normalen Kopfhöhen und Werkzeugen herstellen lassen, sondern eine Zahnkorrektur erfordern. Der in DIN angenommene Wert des Eingriffwinkels ist $20°$. Höhere Eingriffwinkel werden gelegentlich ebenfalls verwendet, hauptsächlich bei Zahnradumformern. Eingriffwinkel über $30°$ dürften wohl kaum vorkommen, da die Nachteile die Vorteile zu stark überwiegen. Die Zahnkorrektur ist zur Herstellung einwandfreier Getriebe notwendig bei Zähnezahlen zwischen der III. und IV. Grenzzähnezahl; sie ist erwünscht zur Vermeidung von Unterschnitt bei Zahnezahlen, die zwischen den Grenzzähnezahlen II und III liegen. Eine geringe Unterschreitung der zweiten Grenzzähnezahl ergibt einen sehr kleinen Unterschnitt, der meist noch als zulässig angesehen werden kann.

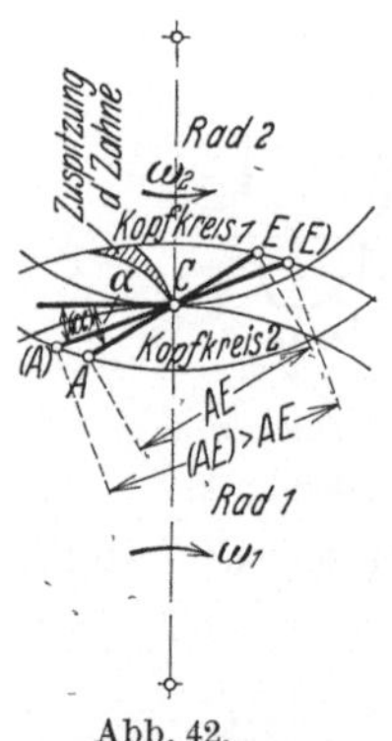

Abb. 42.
Verkleinerung des Überdeckungsgrades und Zuspitzung der Zähne.

Der Zahn wird durch Verkleinerung der Kopfhohe korrigiert. Die Stumpfverzahnung (stub teeth), bei der von vornherein kürzere Zahne ausgeführt werden ($h' = 0,8\,m$), setzt die Grenzzähnezahlen II und III herunter, ergibt aber stärkere Abnutzung der Zahne. Eine Zahnkorrektur mit verschiedenen Kopfhöhen am kleinen und großen Rad (AEG-Korrektur) verlangt Sonderwerkzeuge, wenn nicht gleichzeitig die Zahnstärken geändert werden. Sie kann aber auch als Sonderfall der allgemeinen Korrektur nach Fölmer angesehen werden, deren Zweck die Herstellung von Sonderverzahnungen mit normalen Abwälzfräsern ist. Da zu jedem

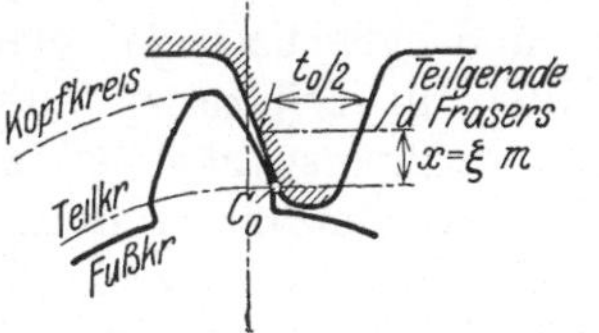

Abb. 43. Kleines Rad einer Zahnpaarung mit positiver Profilabruckung.

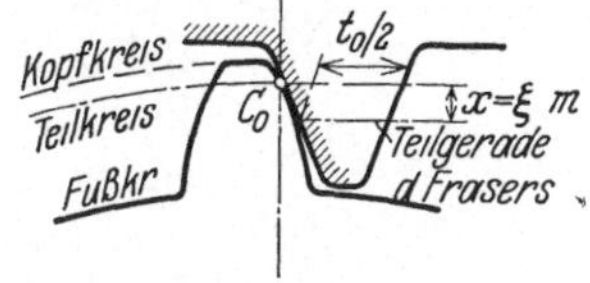

Abb. 44. Großes Rad einer Zahnpaarung mit negativer Profilabruckung

Grundkreis nur eine Evolvente gehört, können die Räder mit positiver (Abb. 43) oder mit negativer (Abb. 44) Profilabrückung $x = \xi \cdot m$ geschnitten werden. Durch Veranderung von ξ ergeben sich für dasselbe Rad verschiedene Zahnausbildungen mit verschiedener Fußtiefe und Zahnstärke. Zwei mit Profilabrückung geschnittene Räder berühren sich im Betrieb nun nicht mehr in den Teilkreisen, die der Herstellung zugrunde gelegt sind, sondern in zwei davon verschiedenen Wälzkreisen (Abb. 45). Hierbei wird absichtlich der Zustand hergestellt, der bei Evolventenrädern durch kleine Aufstellungsfehler vorkommen kann (siehe Abschn. V). Es ändert sich demgemäß, da die Eingrifflinie die gemeinsame Tangente an beide Grundkreise ist, der Eingriffwinkel α und der Achsenabstand a. Die Walzkreise gehen durch den Zentralpunkt C, sie können größer oder kleiner als die Teilkreise sein. Nur wenn zwei Räder, von denen das eine mit positiver Profilabruckung, das andere mit gleich

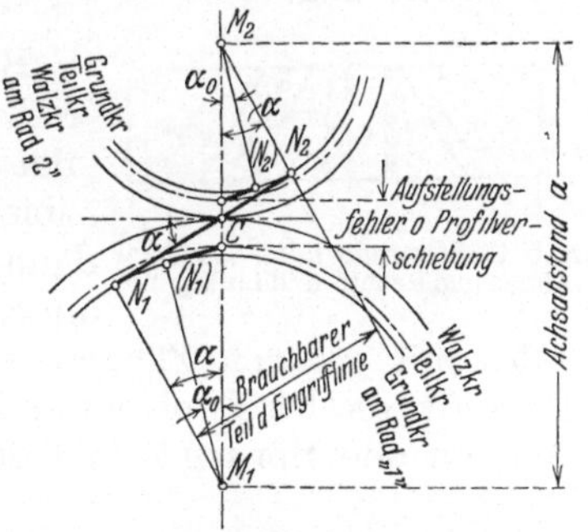

Abb. 45. Evolventen mit Aufstellungsfehler oder Profilabruckung.

großer negativer Profilabrückung geschnitten ist, gepaart werden, berühren sich die Wälz- und die Teilkreise. Dieser Fall, die sog. V_0-Verzahnung ist identisch mit der AEG-Verzahnung und ein Sonderfall der allgemeinen Korrektur. Die Zahnhöhe ist nicht nur von dem Rade selbst, sondern auch von der Profilabrückung des Gegenrades abhängig, und wird im allgemeinen kleiner als normal. Nur bei der V_0-Verzahnung gleichen sich die Wirkungen der negativen und positiven Profilabrückung aus, so daß normale Zahnhöhen entstehen. Alle mit Korrektur hergestellten Zahnräder sind Sonderverzahnungen, die allgemeine Satzrädereigenschaft der Evolventenverzahnung, daß alle Zahnrader gleichen Moduls miteinander gepaart, richtige Eingriffsverhältnisse ergeben, geht durch die Korrektur verloren.

X. Stirnräder mit Schraubenzähnen.

Wenn zwei gleiche Stirnräder um je eine halbe Teilung versetzt werden, so daß die Zahne des einen Rades auf den Lücken des anderen stehen (Abb. 46), überdecken sich die beiden Eingriffbogen. Werden die beiden Räder als ein Ganzes betrachtet, wird der Eingriff gunstiger, da sich der Eingriffbogen auf das Doppelte vergrößert und ebenso der Überdeckungsgrad. Die Zahnezahl ist dadurch begrenzt, daß der Überdeckungsgrad $\varepsilon \gtreqqless 1$ sein muß; die Zähnezahl kann daher auf die Halfte herabgesetzt werden. Denkt man sich das Zahnrad durch unendlich viele, um je den gleichen Betrag im Umfang versetzte, unendlich schmale Zahnräder zusammengesetzt, so entsteht ein Zahnrad mit schraubenförmig aufgesetzten Zähnen. Die Profilfläche des Schraubenzahnes entsteht auch durch axiale Verschiebung und gleichzeitige gleichförmige Drehung. Die Schraubenlinie im Teilkreiszylinder des Stirnrades hat einen konstanten Steigungswinkel β, zusammenarbeitende Stirnräder mit Schraubenzähnen müssen rechts- und linksgangig sein (Abb. 47). Die im Teilkreiszylinder (im Bogen) gemessene

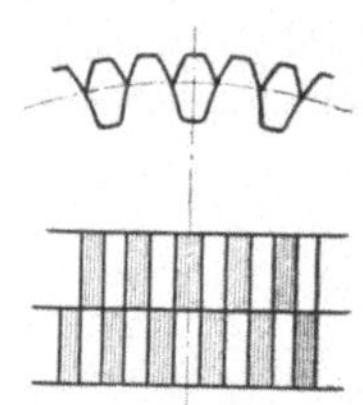

Abb 46. Um eine halbe Teilung versetzte Zahne.

Verdrehung heißt der Sprung t_0 (Abb. 48), er ist $t_0 = b \cdot \operatorname{ctg}\beta$. Schließen die beiden Endprofile den Winkel γ ein, ist der Sprung auch $t_0 = R \cdot \gamma$. Demnach ergibt sich:

$$b \cdot \operatorname{ctg}\beta = R \cdot \gamma; \quad \operatorname{tg}\beta = \frac{b}{R \cdot \gamma}; \quad \gamma = \frac{b}{R \operatorname{tg}\beta} = \frac{b}{R}\operatorname{ctg}\beta.$$

Wird $b = \psi t = \psi \pi m$ und $R = \dfrac{Z\,m}{2}$ eingesetzt, ist: $\gamma = \dfrac{2\,\psi\,\pi}{Z}\cdot\operatorname{ctg}\beta$ und in Gradmaß umgerechnet: $\gamma^\circ = 360^\circ \dfrac{\psi}{Z}\cdot\operatorname{ctg}\beta$.

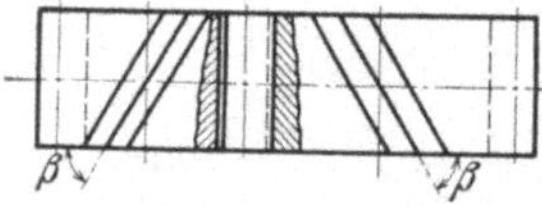

Abb 47. Stirnrader mit Schraubenzahnen und Rechts- und Linksgang.

Bei der Drehung kommt zuerst der Zahnfuß des reibenden Rades mit dem Kopf des getriebenen Rades zum Eingriff; der Eingriff verbreitert sich allmählich in Linienberuhrungen über die volle Zahnbreite, nimmt dann wieder ab und endet in einem Punkte E auf der andern Radseite. An Stelle der Eingrifflinie des Zahnrades mit geraden Zähnen entsteht ein Eingriffsfeld mit Linien gleichzeitigen Eingriffs, die bei Evolventenzähnen geradlinig sind. Der Eingriffbogen verlängert sich um den Sprung t_0 und der gesamte Überdeckungsgrad vergrößert sich auf:

$$\varepsilon = \frac{e + t_0}{t} = \frac{e}{t} + \frac{b}{t}\operatorname{ctg}\beta = \varepsilon_{St} + \psi\cdot\operatorname{ctg}\beta,$$

wobei ε_{St} der Überdeckungsgrad eines Stirnrades mit geraden Zähnen bedeutet. Wenn die Zahne unbearbeitet bleiben und gegossen werden müssen, entspricht die Zahnform derjenigen des Stirnrades mit geraden Zähnen und wird im Schnitt senkrecht zur Achse (Stirnschnitt) gezeichnet; die Enden des Schraubenzahnes werden um den Winkel γ versetzt. Bei der Herstellung der Zähne im Teilfrasverfahren mit Scheibenfrasern muß der Fräser rechtwinklig zur Zahnflanke stehen; er schneidet dann das Profil im Normalschnitt. Da ein normales Profil im Normalschnitt vorhanden sein muß, um normale Fräser benutzen zu können, braucht das Profil im Stirnschnitt nicht normal zu sein; es wird entsprechend bestimmt. Das Profil im Normalschnitt kann nicht vollständig dem Verzahnungsgesetz entsprechen und muß durch

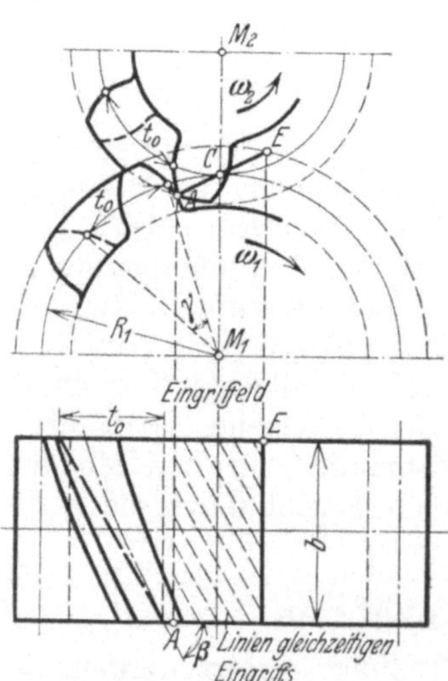

Abb 48. Stirnrad mit Schraubenzahnen.

eine Ersatzverzahnung möglichst angenähert werden. Entsprechend Abb. 49 schneidet der Normalschnitt den Teilkreiszylinder in einer Ellipse, deren große

Halbachse $a = \dfrac{R}{\sin\beta}$ und deren kleine Halbachse $b = R$ ist. Der Krümmungs-radius an der kleinen Achse der Ellipse ist: $R_n = \dfrac{a^2}{b} = \dfrac{R}{\sin^2\beta}$. Die Normaltei-lung ist $t_n = t \cdot \sin\beta$, der entsprechende Modul des Normalschnittes also $m_n = m \sin\beta$. Da mit dem Lückenfräser immer die obere, an diesem Krüm-mungsradius liegende Verzahnung ge-schnitten wird, wird als Ersatzverzah-nung die Verzahnung für R_n und m_n benutzt. Ihre ideelle Zahnezahl Z_i er-gibt sich aus:

$$R_n = \frac{Z_i \cdot m_n}{2}; \quad \frac{R}{\sin^2\beta} = \frac{Z_i \cdot m \cdot \sin\beta}{2};$$

$$R = \frac{Z \cdot m}{2} \quad \text{mit} \quad Z_i = \frac{Z}{\sin^3\beta}.$$

Dementsprechend ist der Lücken-fräser für Z_i und m_n zu wählen, wo-bei m_n der Modulreihe entspricht, wahrend der Modul der Stirnteilung m das im allgemeinen nicht tut; jedoch ist ein gewisser Ausgleich durch ent-sprechende Wahl des Schraubungswin-kels β möglich. Auch die ideelle Zahne-zahl wird nur in Ausnahmefällen eine ganze Zahl. Entsprechend dem Lücken-fraser richtet sich die Kopf- und Fuß-höhe nach dem Modul m_n im Normal-schnitt, d. h. es ist

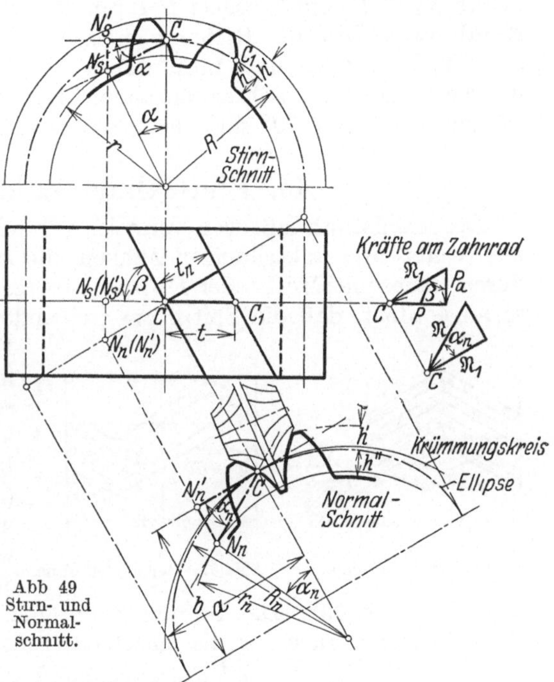

Abb 49
Stirn- und Normal-schnitt.

$$\varkappa' = 1; \quad h' = m_n; \quad \varkappa'' = 1{,}167$$
$$\text{oder} \quad \varkappa'' = 1{,}2.$$

Die Zahne fallen im Stirnschnitt **breiter** aus als im Normalschnitt. Gleichzeitig wird der Eingriffwinkel im Stirnschnitt **größer** als im Normalschnitt. Die Ein-grifflinie im Stirnschnitt ist die Projektion der Eingrifflinie im Normalschnitt. Die Endpunkte der Eingrifflinien im Stirnschnitt N_S und im Normalschnitt N_n' liegen, von der Stirnseite aus gesehen, hintereinander. Es ist daher $N_n N_n' = N_S N_S'$. Im Grundriß liegen die Punkte N_n und N_n' sowie die Punkte N_S und N_S' übereinander. Es ist demnach im Grundriß $CN_S' = CN_n' \sin\beta$, im Stirnschnitt $N_S N_S' = CN_S' \operatorname{tg}\alpha$ und im Normalschnitt $N_n N_n' = CN_n' \operatorname{tg}\alpha_n$, hieraus ent-steht $\operatorname{tg}\alpha = \operatorname{tg}\alpha_n : \sin\beta$ oder $\operatorname{ctg}\alpha = \operatorname{ctg}\alpha_n \cdot \sin\beta$. Bei der Berechnung des Überdeckungsgrades ε_{St} (nach Abschn. VIII) ist $\varkappa' = \sin\beta = \dfrac{m_n}{m}$ einzusetzen, entsprechend ist $\operatorname{ctg}\beta = \sqrt{\left(\dfrac{m}{m_n}\right)^2 - 1}$.

Da die Profilgestaltung sich nach dem Normalschnitt richtet und die vier Grenzzahnezahlen sich auf die Zähnezahlen im Normalschnitt Z_i beziehen, werden die Grenzzähnezahlen im Stirnschnitt kleiner, da $Z = Z_i \cdot \sin^3\beta$ ist. Die zweite Grenzzähne-zahl als Grenze für unterschnittfreie Zahn-rader beträgt also bei Abrundung des Frä-sers und normaler Kopfhöhe $\varkappa' = 1$:

Tabelle 14. II. Grenzzahnezahl
fur Schraubenrader.

	$\alpha_n = 15°$	20°	25°	30°
$\beta = 80°$	28,5	16,4	10,7	7,6
70°	24,8	14,2	9,3	6,7
60°	19,4	11,1	7,3	5,2

Bei Herstellung im Wälzfräsverfahren entstehen die Schraubenzähne durch Schräganstellen des Wälzfräsers, so daß nur der Modul im Normalschnitt m_n zu bestimmen ist.

Der Normaldruck auf den Schraubenzahn $\mathfrak{N}$ ist windschief, seine Projektion $\mathfrak{N}_1$ schräg zur Radachse gerichtet. Es ist also $\mathfrak{N} = \dfrac{P}{\sin\beta\,\cos\alpha_n}$ und es entsteht ein axialer Schub $P_a = P \cdot \operatorname{ctg}\beta$, wobei P durch das Drehmoment gegeben ist. Dieser axiale Schub vergrößert die Reibung an den Zahnflanken, verringert dadurch etwas den Wirkungsgrad und muß durch ein besonderes Stützlager aufgenommen werden. Räder mit Schraubenzähnen werden daher meist nur mit Schraubungswinkeln von etwa 70° und darüber ausgeführt.

XI. Pfeilzähne, Zahnradumformer.

Der Axialschub läßt sich vermeiden durch Gegeneinandersetzen zweier Räder mit rechts- und linksgängigen Zähnen, die miteinander verschraubt werden oder durch Räder mit Pfeil- oder Doppelpfeilzähnen. Die Räder werden zweckmäßig so angeordnet, daß die Spitze am treibenden Zahnrad vorauseilt, da hierbei die Festigkeitsbeanspruchung kleiner ausfallt. Das kleine Rad soll sich möglichst selbst frei einstellen können, es erhält keine Stützlager. Die übliche Gesamtbreite der Zähne beträgt bei Pfeilzähnen (Abb. 50) $B \approx 4\,t$, bei Doppelpfeilzähnen (Abb. 51), die hauptsächlich für wechselnde Drehrichtung benutzt werden, $B \approx 5\,t$. Der übliche Schraubungswinkel ist $\beta \approx 60°$. Die für die Zahnräder mit Schraubenzähnen entwickelten Formeln gelten auch für die einzelnen Teile, wobei bei Pfeilzähnen an Stelle von b einzusetzen ist $\dfrac{B}{2}$, bei Doppelpfeilzähnen $\dfrac{B}{2}$ bzw. $\dfrac{B}{4}$. Bei gegossenen Zähnen muß jede Lücke einzeln geformt und das Zahnmodell nach innen herausgezogen werden, die Zähnezahl muß daher oberhalb der ersten Grenzzähnezahl liegen, wenn die Verzahnung einwandfrei sein soll (Abb. 52). Beim Fräsen der Pfeilzähne ist eine Lücke zum Auslauf des Fräsers erforderlich, da der Scheibenfräser in die Zähne hineinschneiden würde (Abb. 53). Der Radkörper muß also breiter sein, als der tragenden Breite B entspricht. Die Lücke für den Auslauf des Fräsers wird schmaler, wenn die beiden Halften der Zahne etwas gegeneinander versetzt werden (Abb. 54). Fingerfräser ermöglichen das Schneiden der ganzen Zahnbreite in einem Zug; sie erfordern aber eine Nacharbeit, da die Ecke an der Zahnspitze nicht voll ausgeschnitten ist (Abb. 55). Da die Fingerfraser aber nur wenige Schneidkanten besitzen, nutzen sie sich sehr stark ab. Werden bei Pfeil- und Doppelpfeilzähnen größere Eingriffwinkel α_n im Normalschnitt benutzt, kann die kleinste Zähnezahl im Ritzel für Unterschnittfreiheit sehr weit herabgesetzt werden. Als unterste Grenze kann man für $\alpha_n = 30°$ etwa

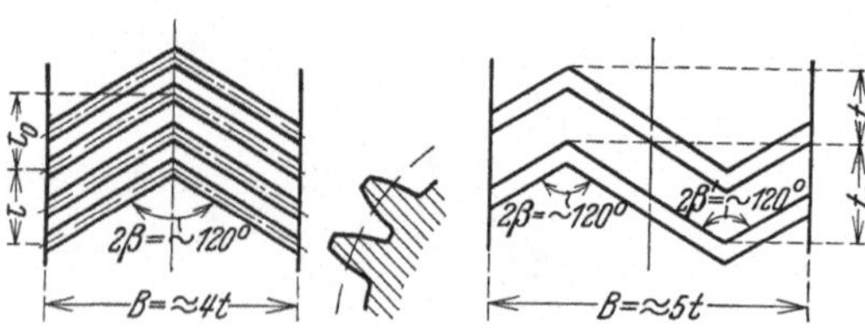

Abb. 50. Pfeilzahne.   Abb. 51. Doppelpfeilzahne.

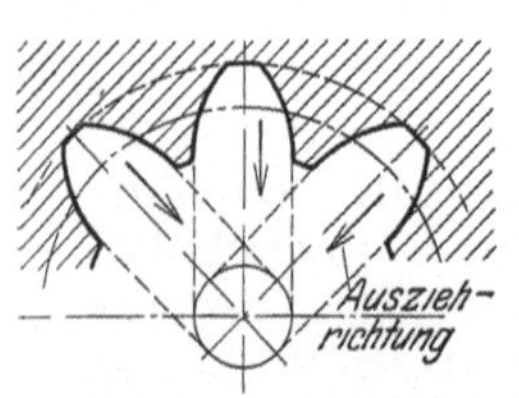

Abb 52 Unbearbeitete, geformte Pfeilzahne.

Abb 53. Mit Scheibenfrasern gefraste Pfeilzahne   Abb. 54. Mit Scheibenfrasern gefraste, versetzte Pfeilzahne.

$Z = 4$ wählen, das Ritzel wird aus dem Vollen geschnitten, der Restquerschnitt muß für die Verdrehungsbeanspruchung ausreichen. Derartige Ritzel erscheinen als Doppelschnecke, so daß solche Zahnradgetriebe als „Stirnschneckengetriebe" bezeichnet werden.

Die Stirnschnecke unterscheidet sich von der Schnecke des Schneckengetriebes (Abschn. XV) durch die Zahnform, die bei der Evolventenschnecke geradlinig ist, bei der Evolventen-Stirnschnecke aber gekrümmt. Ganz gekapselte, mit Umlaufkühlung und Umlaufschmierung ausgerustete Stirnschnecken-

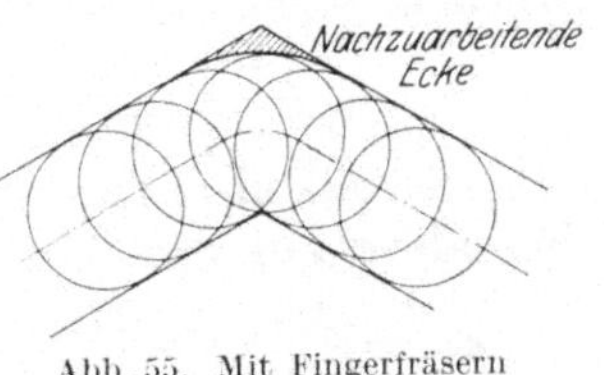

Abb. 55. Mit Fingerfräsern
gefräste Pfeilzähne.

getriebe werden als „Zahnradumformer" bezeichnet. Die Zahne werden hierbei im Abwälzverfahren hergestellt und in einem besonderen Wälzverfahren geschliffen. Sie ergeben geringe Reibung und Abnutzung, daher sehr hohe Wirkungsgrade und sind für sehr hohe Geschwindigkeiten und große Leistungen anwendbar.

XII. Kegelräder (für sich schneidende Achsen).

Bei Achsen, die sich schneiden, rollen zwei Kegel oder, da nur ein schmales Stück zum Eingriff benutzt wird, zwei Kegelstümpfe aufeinander, die als Grundkegel bezeichnet werden. Die Zahne bilden Teile von Pyramiden, die sämtlich ihre Spitze im Achsenschnittpunkt S haben. Der eigentliche Eingriff vollzieht sich auf Kugeln um den Schnittpunkt S mit den Radien SC und SC'; die Verzahnung auf einer Kugel ist aber mit Lineal und Zirkel zeichnerisch nicht richtig darzustellen, also auch mit entsprechenden Mitteln technisch nicht herzustellen.

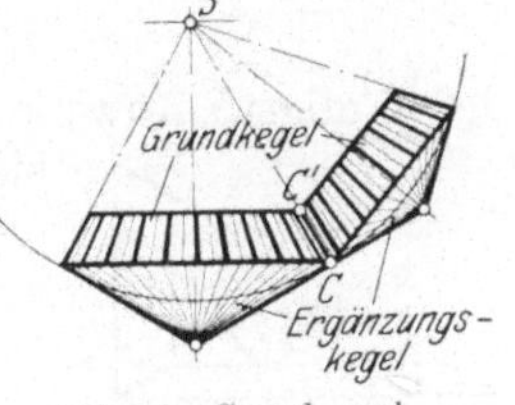

Abb. 56. Grund- und
Ergänzungskegel.

Um eine zeichnerisch darzustellende Ersatzverzahnung zu erhalten, wird die Kugel durch zwei Kegel ersetzt, die in den Grundkreisen im Punkte C und C' die Kugel berühren und Ergänzungskegel genannt werden. (Abb. 56.) Die Ergänzungskegel mit den äußeren Radien ϱ_1 und ϱ_2 und den inneren Radien ϱ_1' und ϱ_2' (Abb. 57) konnen in die Ebene abgerollt werden, die Ersatzverzahnung ist auf ihnen zu zeichnen. Der Modul m, die Kopf- und die Fußhöhe beziehen sich auf die Teilkreise der Grundkegel mit den Radien R_1 und R_2 bzw. R_1' und R_2'. Die mittleren Radien der Grundkreise R_{m1} und R_{m2} werden aus der Festigkeitsrechnung ermittelt, ebenso die Zahnbreite b. Aus den mittleren Teilkreisradien ergeben sich die äußeren Teilkreise mit

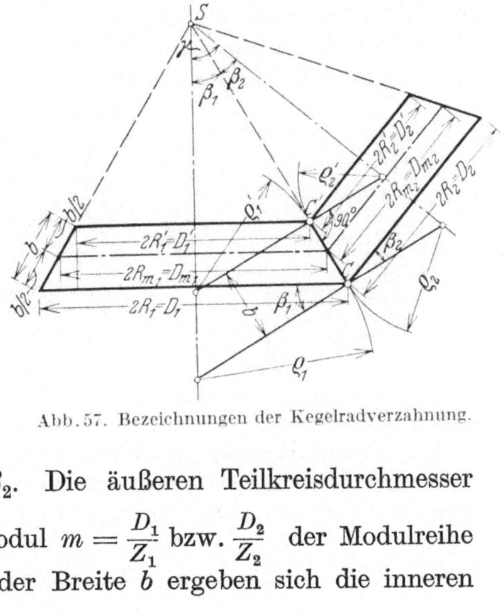

$$R_1 = R_{m1} + \frac{b}{2}\sin\beta_1;$$
$$D_1 = D_{m1} + b\sin\beta, \text{ und}$$

Abb. 57. Bezeichnungen der Kegelradverzahnung.

$$R_2 = R_{m2} + \frac{b}{2}\sin\beta_2, \quad D_2 = D_{m2} + b\sin\beta_2.$$ Die äußeren Teilkreisdurchmesser D_1 und D_2 sind so abzurunden, daß der Modul $m = \dfrac{D_1}{Z_1}$ bzw. $\dfrac{D_2}{Z_2}$ der Modulreihe entspricht. Nach endgultiger Festlegung der Breite b ergeben sich die inneren

Teilkreisdurchmesser mit $D_1' = D_1 - 2\,b\sin\beta_1$ und $D_2' = D_2 - 2\,b\sin\beta_2$, da sie ebensoviel kleiner als die mittleren, wie die äußeren größer sind. Die Radien der Ergänzungskegel ergeben sich rechnerisch mit

$$\varrho_1 = \frac{R_1}{\cos\beta_1}; \quad \varrho_2 = \frac{R_2}{\cos\beta_2}; \quad \varrho_1' = \frac{R_1'}{\cos\beta_1}; \quad \varrho_2' = \frac{R_2'}{\cos\beta_2}.$$

Da der Modul m den Grundkegeln zu entnehmen ist, ergeben sich die ideellen Zahnezahlen auf dem abgewickelten Ergänzungskegel aus: $2\,\varrho_1 = Z_{i1}\cdot m$ mit

$$Z_{i1} = \frac{2\,\varrho_1}{m} = \frac{2\,R_1}{m\cdot\cos\beta_1} = \frac{D_1}{m}\cdot\frac{1}{\cos\beta_1} = \frac{Z_1}{\cos\beta_1} \quad \text{und ebenso} \quad Z_{i2} = \frac{Z_2}{\cos\beta_2}.$$

Das Übersetzungsverhältnis ist:

$$i = \frac{R_{m1}}{R_{m2}} = \frac{R_1}{R_2} = \frac{Z_1}{Z_2},$$

da $R_1 = SC\sin\beta_1$ und $R_2 = SC\sin\beta_2$ ist, ist auch: $i = \dfrac{\sin\beta_1}{\sin\beta_2}$. Ist γ der Schnittwinkel der beiden Achsen, so ist zur Berechnung von β_1 und β_2 aus dem Übersetzungsverhältnis: $\beta_1 = \gamma - \beta_2$ und

$$i = \frac{\sin(\gamma - \beta_2)}{\sin\beta_2} = \frac{\sin\gamma\cdot\cos\beta_2 - \cos\gamma\cdot\sin\beta_2}{\sin\beta_2} = \frac{\sin\gamma}{\operatorname{tg}\beta_2} - \cos\gamma, \quad \operatorname{tg}\beta_2 = \frac{\sin\gamma}{i + \cos\gamma}.$$

Ebenso ist:

$$\beta_2 = \gamma - \beta_1; \quad \frac{1}{i} = \frac{\sin(\gamma - \beta_1)}{\sin\beta_1} = \frac{\sin\gamma}{\operatorname{tg}\beta_1} - \cos\gamma; \quad \operatorname{tg}\beta_1 = \frac{\sin\gamma}{\dfrac{1}{i} + \cos\gamma}.$$

Die häufigste Anwendung der Kegelräder sind die Winkelräder mit rechtwinklig sich schneidenden Achsen (Abb. 58); hierbei ist $\gamma = 90°$,

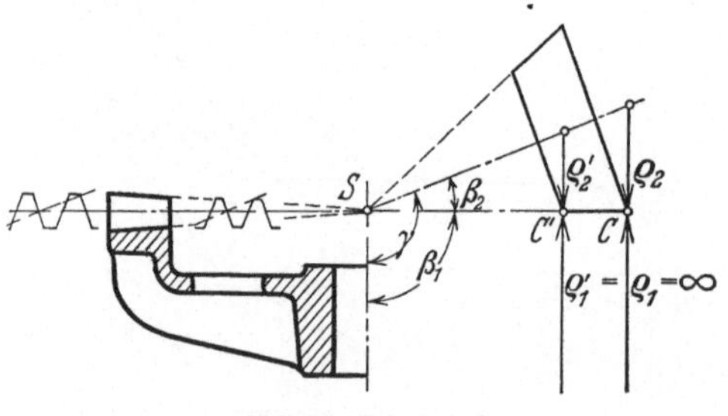

$$\operatorname{tg}\beta_1 = \frac{\sin 90°}{\dfrac{1}{i} + \cos 90°} = \frac{1}{\dfrac{1}{i} + 0} = i = \frac{Z_1}{Z_2}.$$

Abb. 58 Winkelrader. Ebenso ist $\operatorname{tg}\beta_2 = \dfrac{Z_2}{Z_1}$; die erforderlichen Ergänzungskegel ergeben sich aus $\cos\beta_1 = \sin\beta_2$ und $\cos\beta_2 = \sin\beta_1$ mit

$$\varrho_1 = \frac{R_1}{\sin\beta_2}; \quad \varrho_2 = \frac{R_2}{\sin\beta_1}; \quad \varrho_1' = \frac{R_1'}{\sin\beta_2}; \quad \varrho_2' = \frac{R_2'}{\sin\beta_1}.$$

Die Grenzzahnezahlen beziehen sich auf die Ersatzverzahnung; da $Z = Z_i\cos\beta$ ist, werden die Grenzzähnezahlen entsprechend kleiner. Die wichtigsten 2. Grenzzähnezahlen für unterschnittfreie Herstellung im Abwälzverfahren mit Zahnstangenwerkzeug bei Abrundung des Fräsers und $\varkappa' = 1$ entsprechen nachstehender Tabelle:

Abb. 59 Plankegelrad.

Tabelle 15. II. Grenzzahnezahl fur Kegelrader.

$\beta =$	15°	30°	45°	60°	75°
$\alpha = 15°$	28,8	25,9	21,1	14,9	7,7
20°	16,5	14,8	12,1	8,6	·4,5
25°	10,8	9,7	7,9	5,6	2,9
30°	7,8	7,0	5,7	4	2,1

Die Grenzzahnezahlen liegen tiefer als bei Stirnrädern gleicher Zähnezahl. Wird der Winkel des größeren Zahnrades $\beta_1 = 90°$ gewählt, so entsteht das Planrad (Abb. 59). Der Radius des Ergänzungskegels wird:

$$\varrho_1 = \frac{R_1}{\cos 90°} = \frac{R_1}{0} = \infty.$$

Das Planrad entspricht der Zahnstange der Stirnrader; bei Evolventenverzahnung ist die Flanke geradlinig. Jedes Kegelrad kämmt richtig mit einem Planrad, dessen Mittelpunkt mit der Kegelspitze S zusammenfällt. In der Form der Zahne

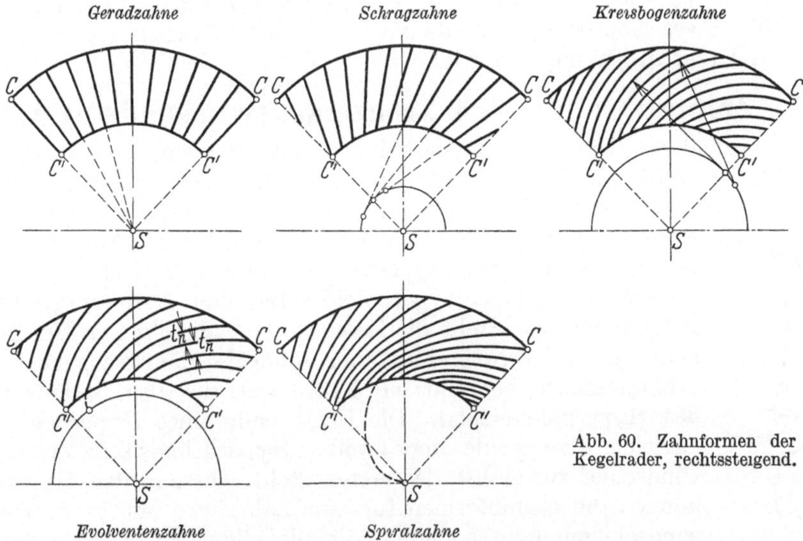

Abb. 60. Zahnformen der Kegelrader, rechtssteigend.

unterscheidet man entsprechend Abb. 60, in der sämtliche Zahnformen rechts steigend auf dem abgewickelten Ergänzungskegel dargestellt sind: Geradzahne, Schragzahne, Kreisbogenzähne, Evolventenzähne und Spiralzähne. Elvolventenzähne haben überall den gleichen Abstand t_n im Normalschnitt.

XIII. Herstellung der Kegelräder.

Im Teilfräsprozeß wird der Scheibenfräser fur den Modul m und die ideelle Zahnezahl Z_i benutzt und so geführt, daß die Tiefe korrekt geschnitten wird. Eine geringe Nacharbeit an den Flanken ist bei kleinen Kegelrädern mit $Z \lessgtr 30$ notwendig. Beim Teilhobelprozeß entsteht die Verzahnung durch Führung an einer Schablone nach der Kegelspitze S; dieser Prozeß liefert genaue Kegelverzahnungen. Beim Teilstoßprozeß wird das Stoßrad ebenfalls nach der Kegelspitze S geführt und wird meist auf gleiche Zahnflanken über die ganze Zahnbreite eingestellt. Ebenso wie das Stirnrad auf einer Zahnstange abgewälzt wird, kann das Kegelrad auf einem Plankegelrad abgewälzt werden; benutzt wird hierbei eine, höchstens zwei Schneidkanten des Plankegelrades. Diese können ausgebildet werden als um eine Achse drehbare Fräser (Kegelradfräsmaschine) oder als hin- und hergehende Stichel (Kegelradhobelmaschine). Fur beide Maschinen müssen die Rohlinge genau vorgedreht sein, fur die die in Abb. 61 angegebenen

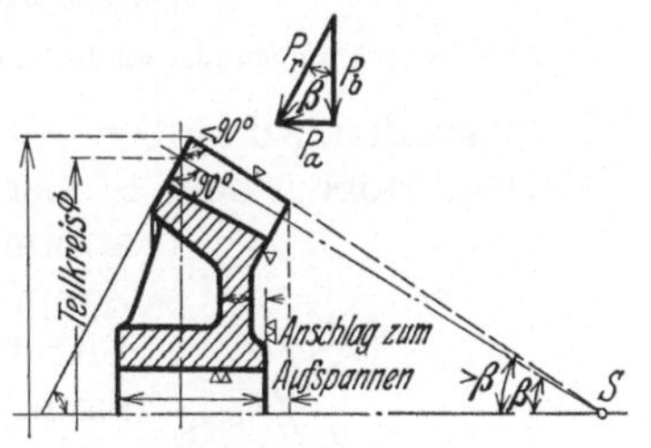

Abb 61 Maße des Rohlings.

Maße notwendig sind; besonders ist der äußerste Spitzenwinkel, der größer als der Winkel β ist, erforderlich. Der außere Teilkreis wird meist angerissen, damit er sich mit dem des Gegenrades bei der Montage berühren kann. Im Gegensatz zu Stirnradern sind Kegelräder auch bei Evolventenverzahnung sehr empfindlich fur Montagefehler, zwei Kegelräder können nur dann richtig kammen, wenn die

Kegelspitzen in S zusammenfallen. Die Radialkraft $P_r = R\,(\mathrm{tg}\,\alpha + \mu)$ liegt schräg zur Achse. Sie wird zerlegt in eine Komponente senkrecht zur Achse $P_b = P_r \cos \beta$, die eine Biegungsbeanspruchung der Welle hervorbringt, und eine Komponente parallel zur Achse $P_a = P_r \sin \beta = P\,(\mathrm{tg}\,\alpha + \mu) \sin \beta$, die sie verschiebt. Diese Komponente würde die Räder außer Eingriff schieben, sie muß durch ein Lager aufgefangen werden.

XIV. Zahnräder für sich kreuzende (windschiefe) Achsen.

Ein einschaliges Umdrehungshyperboloid entsteht, wenn eine Hyperbel sich um die Achse dreht, die die Hyperbel nicht schneidet. Das Hyperboloid entsteht

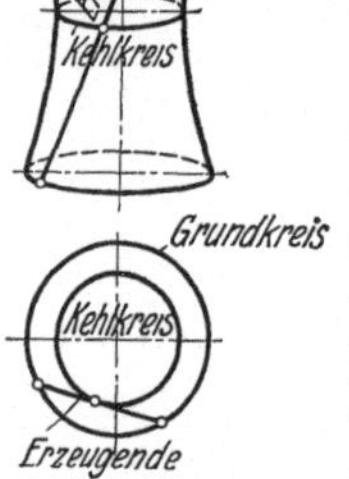

Abb. 62.
Einschaliges
Rotationshyper-
boloid.

auch, wenn eine gerade Erzeugende um eine zu ihr windschief stehende Gerade auf einem Kreise geführt wird (Abb. 62). Infolgedessen sind auf dem Hyperboloid gerade Linien (Erzeugende) vorhanden, obwohl das Hyperboloid selbst eine Raumkurve doppelter Krümmung ist. Steht die Erzeugende senkrecht zur Umdrehungsachse, entsteht ein Kreiszylinder, schneidet die Erzeugende die Umdrehungsachse, entsteht ein Kreiskegel, die also beide Grenzfälle des Hyperboloids sind. Die Erzeugende eines Hyperboloids kann zugleich Erzeugende eines zweiten Hyperboloids sein, dessen Achse windschief zur Achse des ersten steht. Diese beiden Hyperboloide können die Grundformen für zwei Zahnräder mit gekreuzten oder windschiefen Achsen bilden, die die allgemeinste Form der Zahnräder darstellen (Abb. 63); sie berühren sich in einer Geraden, die die Erzeugende beider Hyperboloide bildet. Wenn sich die Achsen der beiden Zahnräder in kurzem Abstand kreuzen, kann ein beliebiges Stück der Hyperboloide benutzt werden, und es entstehen hyperboloidische Schraubenrader. Ihre Form ist ähnlich derjenigen der Kegelrader mit etwas gekrümmten Kopfbegrenzungen und, entsprechend der

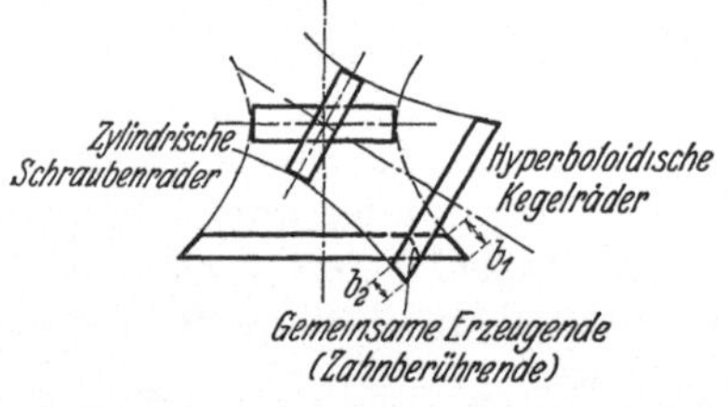

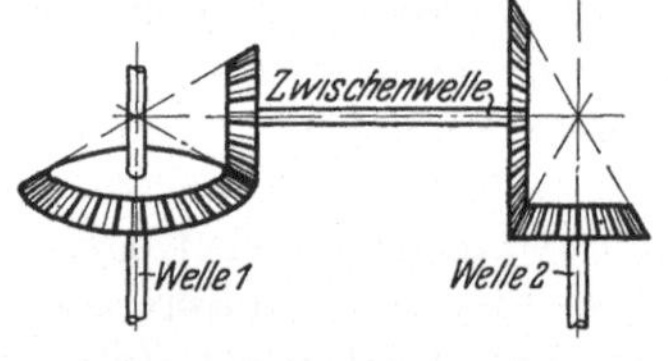

Abb. 63. Schraubenrader an Rotationshyperboloiden.   Abb. 64. Ersatz durch Zwischenwelle und Kegelrader.

Erzeugenden, schraubenförmigen Zähnen. Eine Ersatzverzahnung, d. h. eine durch Fräsen, Hobeln oder Stoßen herzustellende Verzahnung ist sehr schwierig zu bestimmen und auch dann nur näherungsweise richtig. Diese Zahnform wird nur sehr selten ausgeführt, da sie durch Benutzung einer Zwischenwelle stets vermieden werden kann. Wenn die Zwischenwelle beide Achsen schneidet, so erfolgt der Ersatz durch zwei Paar Kegelräder (Abb. 64). Liegt die Zwischenwelle einer Achse parallel und schneidet die andere, dient als Ersatz ein Paar Stirnrader und ein Paar Kegelräder (Abb. 65).

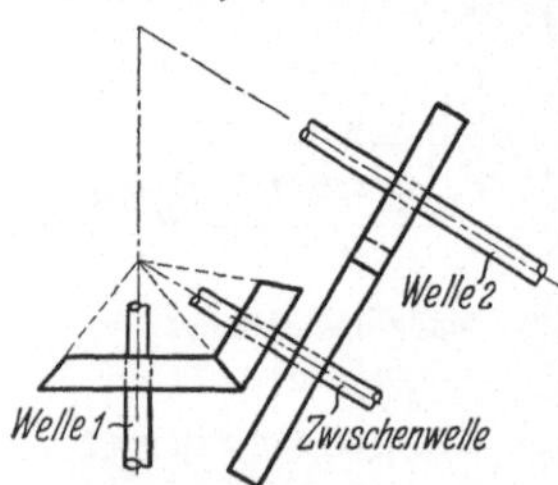

Abb 65. Ersatz durch Zwischenwelle, Kegel- und Stirnrader

Benutzt man die Hyperbelteile an den Kehlkreisen (Abb. 66) und ersetzt die Hyperbeln in erster Annäherung durch die Tangenten, so entstehen zylindrische Schraubenrader. Zwei Stirnräder mit Schraubenzähnen, die in der Normalteilung t_n übereinstimmen, lassen sich so ineinanderschieben, daß Zahn an Zahn liegt. Die Herstellung erfolgt daher wie bei den Stirnrädern mit Schraubenzähnen mit dem Modul der Normalteilung $m_n = m_1 \sin \beta_1$ bzw. $m_n = m_2 \cdot \sin \beta_2$ und den ideellen Zähnezahlen

$$Z_{i1} = \frac{Z_1}{\sin^3 \beta_1} \quad \text{bzw.} \quad Z_{i2} = \frac{Z_2}{\sin^3 \beta_2}.$$

Die Winkel β_1 und β_2 sind an beiden Rädern verschieden. Die Mittenlinien beider Räder schneiden sich unter dem Winkel $\beta_1 + \beta_2$, die Achsen stehen senkrecht zu den Mittenlinien; sie bilden daher den Winkel $180° - (\beta_1 + \beta_2)$. Es ist

$t_1 = \dfrac{t_n}{\sin \beta_1}$; $m_1 = \dfrac{m_n}{\sin \beta_1}$; aus der Zähnezahl ist $m_1 = \dfrac{D_1}{Z_1}$, demnach $\dfrac{D_1}{Z_1} = \dfrac{m_n}{\sin \beta_1}$

und $Z_1 = \dfrac{D_1 \cdot \sin \beta_1}{m_n}$; ebenso ist $m_2 = \dfrac{m_n}{\sin \beta_2}$

und $Z_2 = \dfrac{D_2 \cdot \sin \beta_2}{m_n}$. Da immer Zahn an Zahn kämmt, ist das Übersetzungsverhältnis: $i = \dfrac{Z_1}{Z_2} = \dfrac{D_1 \cdot \sin \beta_1}{D_2 \cdot \sin \beta_2}$; das Übersetzungsverhältnis ist nicht mehr nur von den Durchmessern abhängig. Ebenso ist die Umfangsgeschwindigkeit beider Räder verschieden, und zwar $v_1 = \dfrac{D_1 \pi \cdot n_1}{60}$;

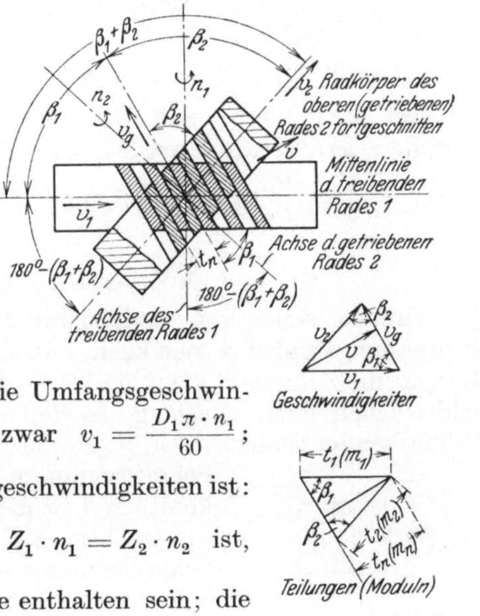

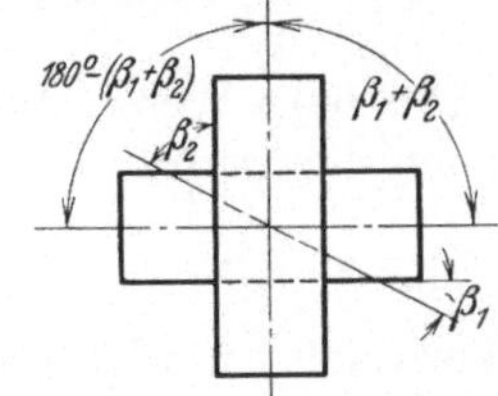

Abb. 66. Zylindrische Schraubenräder mit windschiefen Achsen.

$v_2 = \dfrac{D_2 \pi \cdot n_2}{60}$; das Verhältnis der Umfangsgeschwindigkeiten ist:

$\dfrac{v_1}{v_2} = \dfrac{m_1 \cdot Z_1 \cdot n_1}{m_2 \cdot Z_2 \cdot n_2}$. Da $i = \dfrac{Z_1}{Z_2} = \dfrac{n_2}{n_1}$ und $Z_1 \cdot n_1 = Z_2 \cdot n_2$ ist,

wird $\dfrac{v_1}{v_2} = \dfrac{m_1}{m_2}$. m_n muß in der Modulreihe enthalten sein; die Winkel β_1 und β_2 sowie die Moduln der Stirnteilung m_1 und m_2 werden nach Wahl bestimmt. Für die Festigkeitsrechnung ist die Geschwindigkeit senkrecht zur Zahnflanke, die für beide Räder gleich ist, $v = v_1 \sin \beta_1 = v_2 \sin \beta_2$, maßgebend. Gleichzeitig entsteht eine Gleitgeschwindigkeit; aus dem Geschwindigkeitsriß ist

$$v_g = v_1 \cos \beta_1 + v_2 \cos \beta_2 = \frac{\pi}{60} (n_1 D_1 \cdot \cos \beta_1 + n_2 D_2 \cdot \cos \beta_2)$$

$$= v_2 \left(\frac{m_1}{m_2} \cos \beta_1 + \cos \beta_2 \right) = v_1 \left(\cos \beta_1 + \frac{m_2}{m_1} \cos \beta_2 \right).$$

Außer der Gleitgeschwindigkeit entsteht ein seitlicher Schub an jedem Rade, wie bei Stirnrädern mit Schraubenzähnen, die durch Drucklager abzufangen sind. Der Überdeckungsgrad verlängert sich um den Sprung. Da die Zahne sich infolge des Ersatzes der Hyperbeln durch ihre Tangente nur in einem Punkt berühren und infolge der Gleitgeschwindigkeit sich stark abnutzen, der Wirkungsgrad außerdem durch den seitlichen Schub verringert wird, werden die Schraubenrader nur für kleine Breiten senkrecht zur Stirnteilung ($b = t$ bis höchstens $2\,t$) ausgeführt. Fur größere Kräfte kommt nur Stahl auf Phosphorbronze in Frage; die Verwendung läßt sich durch eine Zwischenwelle vermeiden. Haufiger werden zylindrische Schraubenräder ausgeführt zum Antrieb der Steuerwellen von Viertaktmotoren, wobei die Wellen sich unter

Abb. 67. Achsen unter 90°.

90° kreuzen (Abb. 67). Es ist demnach $180° - (\beta_1 + \beta_2) = 90°$; $\beta_1 + \beta_2 = 90°$ und $\beta_2 = 90° - \beta_1$. Das Übersetzungsverhältnis ist

$$i = \frac{D_1 \sin \beta_1}{D_2 \sin \beta_2} = \frac{D_1 \sin \beta_1}{D_2 \sin (90° - \beta_1)} = \frac{D_1 \sin \beta_1}{D_2 \cos \beta_1} = \frac{D_1}{D_2} \cdot \mathrm{tg}\,\beta_1$$

$$= \frac{D_1 \sin (90° - \beta_1)}{D_2 \sin \beta_2} = \frac{D_1 \cos \beta_2}{D_2 \sin \beta_2} = \frac{D_1}{D_2 \,\mathrm{tg}\,\beta_2},$$

weiter ist

$$\frac{m_1}{m_2} = \frac{m_n/\sin \beta_1}{m_n/\sin \beta_2} = \frac{\sin \beta_2}{\sin \beta_1} = \frac{\sin (90° - \beta_1)}{\sin \beta_1} = \mathrm{ctg}\,\beta_1 = \frac{1}{\mathrm{tg}\,\beta_1} = \mathrm{tg}\,\beta_2 = \frac{v_1}{v_2};$$

wird gewählt: $\beta_1 = \beta_2 = 45°$; $\mathrm{tg}\,\beta_1 = \mathrm{tg}\,\beta_2 = \mathrm{ctg}\,\beta_1 = \mathrm{ctg}\,\beta_2 = 1$, so ist $i = \frac{D_1}{D_2}$, wie bei Stirnrädern. Soll die erforderliche Übersetzung $i = 1:2$ mit gleichen Durchmessern erreicht werden, also $D_1 = D_2$, ist:

$$i = \frac{1}{2} = \frac{D_1}{D_2}\,\mathrm{tg}\,\beta_1 = \mathrm{tg}\,\beta_1 \text{ und } \beta_1 = 26° 34'; \quad \beta_2 = 90° - \beta_1 = 63° 26'.$$

XV. Schneckenverzahnung.

Wird bei einem von zwei Schraubenrädern der Durchmesser und ebenso der Schraubungswinkel β sehr klein, bilden die Zähne am kleineren Rad geschlossene Gänge; die Zähnezahl kann hierbei bis 1 heruntergehen. Jeder Zahn der Schnecke bildet einen Schraubengang, so daß ein-, zwei-, drei-, vier- und mehrgängige Schnecken entstehen. Der Schränkungswinkel kann, wie bei den zylindrischen Schraubenradern, beliebig gewählt werden; die Achsenkreuzung hat meist den Winkel 90°. Die Schneckengänge entsprechen den Gängen einer Schraube, die Zähne des Schneckenrades bilden die Mutter dieser Schraube. Da das Schneckenrad aber nicht, wie die Mutter, längsverschiebbar, sondern um einen Punkt drehbar ist, entsprechen die Schneckenradzähne nicht vollständig dem Gewinde einer

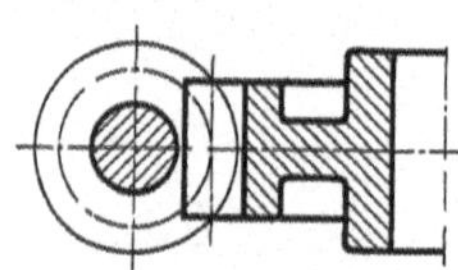

Abb 68. Ersatz der Hyperbel durch Tangente.

Schraubenmutter. Die Schnecke erhält meist geradlinige Kopfbegrenzung, so daß die Hyperbel durch ihre Tangente ersetzt ist. Wird die Hyperbel des größeren Schraubenrades ebenfalls durch ihre Tangente ersetzt, so entsteht ein Schneckenrad mit schräg aufgesetzten Zähnen (Abb. 68), entspricht also der in Abb. 26 dargestellten Frasschnecke mit Zahnstangenprofil und schräg angestelltem

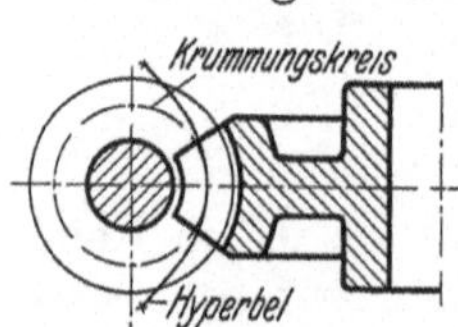

Abb. 69. Ersatz der Hyperbel durch Krummungskreis.

Stirnrad. Bei Schrägstellung des Rades können die Schneckenradzähne auch wie bei einem Stirnrad parallel der Achse aufsitzen; das Schneckenrad kann dann gleichzeitig mit einem Stirnrad kämmen und axial außer Eingriff geschoben werden. Um besseren Eingriff zu erzielen, werden die Schneckenradzähne im Grunde durch einen zur Schnecke konzentrischen Kreis begrenzt, die Hyperbel wird in zweiter Annäherung ersetzt durch ihren Krümmungskreis

(Abb. 69). Wenn die Schnecke eine Umdrehung macht, verschiebt sich der Schneckenradzahn um eine Ganghöhe; die Übersetzung der Schnecke ist daher:

$$i = \frac{\text{Gangzahl der Schnecke}}{\text{Zahnezahl des Schneckenrades}} = \frac{z_s}{Z}.$$

Verwendet werden die Schnecken nur zur Übersetzung ins Langsame, da bei Antrieb am Schneckenrade sehr starke Reibung und dadurch schlechter Wirkungsgrad eintritt. Schnecken mit kleiner Gangzahl sind meist selbsthemmend, so daß sie durch Drehen am Rad überhaupt nicht in Gang gesetzt werden können.

Im Mittelschnitt (Abb. 70) entspricht die Verzahnung der Schnecke der einer Zahnstange. Wird die Schnecke an der Drehung gehindert und axial verschoben, kammt das Schneckenrad mit der Schnecke wie mit einer Zahnstange. Der einfacheren Herstellung wegen sind nur Schnecken mit Evolventenverzahnung im Gebrauch, so daß das Profil des Schneckenzahnes geradlinig wie bei der Zahn-

stange ist und die Zahnform des Schneckenrades eine Evolvente bildet. Die Zahnform in anderen Schnitten als dem Mittelschnitt ist als Gegenprofil zu dem gegebenen Zahnstangenprofil zu zeichnen. Die Schnitte können parallel der Mittenlinie $M_1 M_2$ gelegt werden, werden aber besser durch den Mittel, punkt der Schnecke M_1 gelegt- da hierbei das Zahnstangenprofil erhalten bleibt und das Schneckenrad ebenfalls Evolventenverzahnung erhält. Da die Verzahnung in der äußersten Lage $M_1 M_2'$ am meisten verschoben ist, ist bei unbearbeiteten Zähnen die Zeichnung in dieser Lage unbedingt

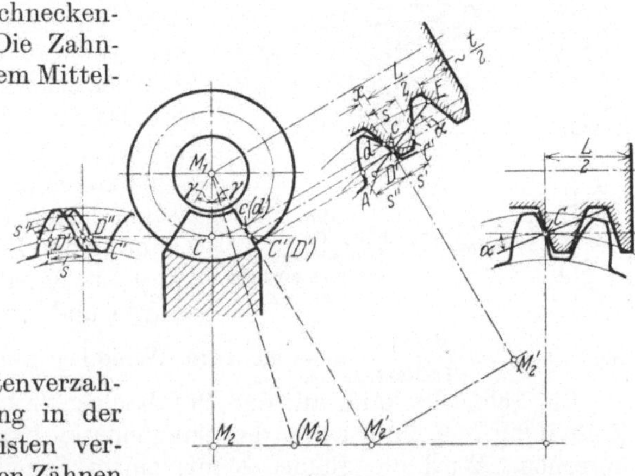

Abb. 70. Verzahnung der Schnecke.

notwendig; erwunscht sind noch einige Schnitte $M_1 (M_2)$. Der Eingriff im Schnitt $M_1 M_2'$ ist derselbe wie zwischen einer Zahnstange und einem Stirnrad um M_2'; es verschiebt sich aber der Zentralpunkt. Die Gerade $C'C$ ist als Projektion der Erzeugenden des Hyperboloids eine Linie gleichzeitigen Eingriffs. Die Punkte C und C' haben gleiche Umfangsgeschwindigkeit am Schneckenrad, so daß nicht der auf dem Teilkreiszylinder der Schnecke liegende Punkt c, sondern der senkrecht auf der Mittenlinie durch C liegende Punkt C' Zentralpunkt ist. Im Schnitt $M_1 M_2'$ liegen die beiden Punkte C' und c auf der Linie $M_1 M'_2$, die die Schnecke halbiert. Die Berührung der beiden Profile liegt aber nicht an dieser Stelle, da infolge der Schraubung der Schnecke der

Punkt c um den Betrag $x = \dfrac{\gamma}{2\pi} \cdot h_S = \dfrac{\gamma}{2\pi} z_s \cdot t$ uber oder unter der Zeichenflache

liegen muß. Im Schnitt $M_1 M_2'$ geht demnach das Profil der Schnecke um den Betrag x am Punkt c vorbei und ergibt den Punkt d. Der wirkliche Berührungspunkt D' liegt auf dem Schnittpunkt des Schneckenprofils und der Parallelen zur Teilrißgeraden durch C'. $C'D'$ gibt die Versetzung der Endprofile gegen das Mittelprofil der Schneckenradzahne im Teilkreiszylinder. Die Zahnstärke ist im Teil-

kreiszylinder für Schnecke und Schneckenrad gleich, je $s = \dfrac{t}{2}$; die Teilung ist

im Schnitt $M_1 M_2'$ am Punkte C' ebenso groß wie im Mittelschnitt im Punkte C, da beide im Teilkreiszylinder des Schneckenrades liegen. Die Zahnstärke des Schneckenzahnes ist aber an dieser Stelle kleiner als an den Punkten C und c, und zwar $s' = s - 2\,C'c \cdot \mathrm{tg}\alpha$, da C' an der Schnecke weiter außen liegt als C. Der Schneckenradzahn muß daher an dieser Stelle starker sein, und zwar: $s'' = t - s'$, da die Teilung bei C und C' gleich ist. Da das Schneckenprofil im Seitenschnitt das gleiche wie im Mittelschnitt ist, bleibt der Eingriffwinkel α erhalten. Das Schneckenradprofil ist daher ebenfalls eine Evolvente für den Winkel α, die Engriffstrecke ist durch den Kopfkreis bzw. durch die Kopfgerade bestimmt ($\overline{AE}$). Mit Rucksicht auf den Eingriff soll die Schnecke nicht mehr als etwa eine halbe Teilung über den Punkt E hinausreichen. Als geeigneter Wert für die Schneckenlänge gilt: $\underline{L} = (0{,}15\,Z + 7)\,m$ bis $(0{,}15\,Z + 8)\,m$.

Die Verzahnung der Schnecke ist nur im Mittelschnitt eine genaue Evolvente, so daß genaues Einhalten der Mittenentfernung erforderlich ist. Das Eingriffsfeld

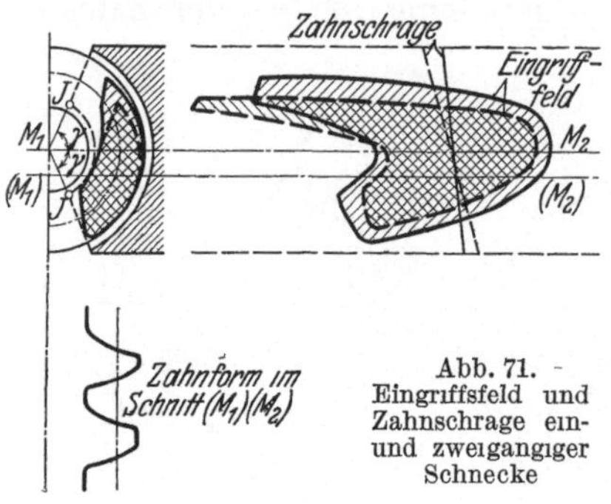

Abb. 71.
Eingriffsfeld und Zahnschrage ein- und zweigangiger Schnecke

der Schnecke muß im Grundriß und Aufriß durch Schnitte parallel $M_1 M_2$ bestimmt werden, wobei die Schneckenzähne stark verzerrt erscheinen und die Bestimmung sehr genaues Zeichnen erfordert. Mit zunehmender Gangzahl z_s wird das Eingriffsfeld im Grundriß immer länger erstreckt, im Aufriß immer kleiner (Abb. 71). Es ist zwecklos, die Ecken J hoher zu ziehen, da sie am Eingriff nicht mehr teilnehmen und die Zahne an den Ecken sehr spitz werden. Der Winkel γ ist abhangig von den Schneckenabmessungen und der Zahnezahl des Rades, das Verhältnis $\psi = \dfrac{\text{Breite}}{\text{Teilung}} = \dfrac{b}{t}$ ist vom Winkel γ abhängig.

Die Schnecke kann auf der Drehbank gedreht werden; falls die Gangspindel Zollteilung hat, muß auch die Ganghöhe h_S bzw. $t = m \cdot \pi$ der Zollteilung entsprechen. Wird die Schnecke mit einem Scheibenfräser hergestellt, tritt der Schneckenzahn im Kopf und Fuß etwas gegen das gerade Profil des Scheibenfräsers zurück; der Fehler ist unerheblich und wird noch geringer, wenn die Schnecke mit einem Fingerfräser gefräst wird, wobei der Fingerfräser aber stark abgenutzt wird. Bei unbearbeitetem Schneckenrad ist die Aufzeichnung der Endprofile,

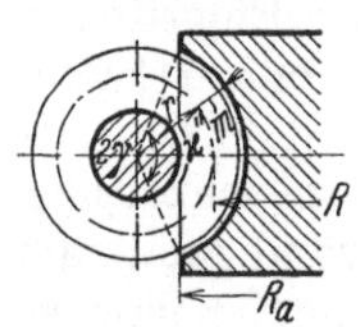

Abb 72 Schneckenrad mit zylindrischer Begrenzung

besonders aber die Bestimmung der Strecke $C'D'$, notwendig; da die Verzahnung nur angenahert ist, sind große Lückenweiten erforderlich. Frasen mit dem Scheibenfräser wie bei Schraubenzahnen ist ungenau. Bei dem üblichsten Frasen mit der Frässchnecke muß das Kopfprofil bis zum Grundkreis des Rades erganzt werden; die Frässchnecke muß so lang sein, daß das Profil voll ausgeschnitten wird, also länger als die Betriebsschnecke. Da sich eine genaue Abwalzung ergibt, ist die Zeichnung des Profils nicht notwendig; das Schneckenrad ist oft zylindrisch begrenzt (Abb. 72), so daß die Punkte J fortgeschnitten sind.

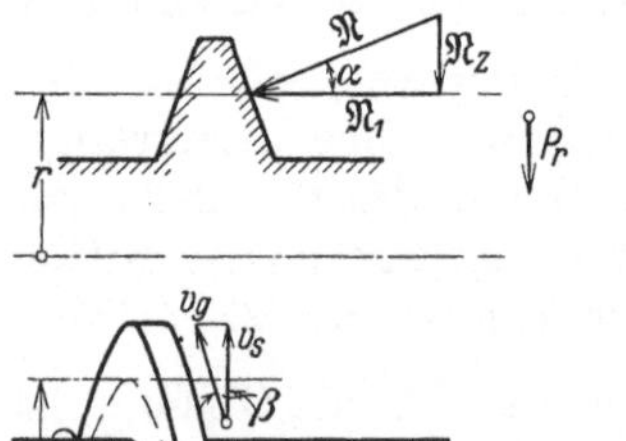

XVI. Die Kräfte und ihre Aufnahme am Schneckengetriebe.

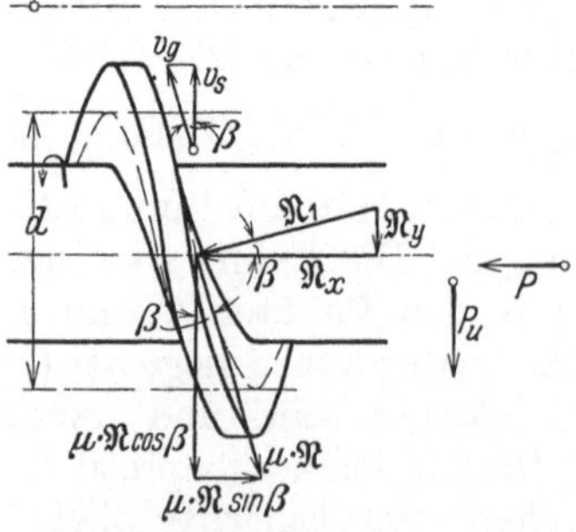

Abb. 73. Krafte an der Schnecke

Der Normaldruck $\mathfrak{N}$ liegt in der Eingrifflinie unter dem Eingriffwinkel α schräg gegen die Achse geneigt (Abb. 73). Der Normaldruck wird zerlegt in eine Teilkraft $\mathfrak{N}_1 = \mathfrak{N} \cdot \cos\alpha$ in einer Ebene parallel zur Achse und in eine Teilkraft $\mathfrak{N}_z = \mathfrak{N} \cdot \sin\alpha$ senkrecht zur Achse. Im Grundriß steht $\mathfrak{N}_1$ rechtwinklig auf dem Zahn, läuft also windschief zur Achse. Entsprechend dem Schraubungswinkel des Schneckenzahnes β wird die Kraft $\mathfrak{N}_1$ zerlegt in eine Kraft

$$\mathfrak{N}_x = \mathfrak{N}_1 \cos\alpha = \mathfrak{N} \cos\alpha \cdot \cos\beta$$

parallel der Achse und eine Kraft $\mathfrak{N}_y = \mathfrak{N}_1 \cdot \sin\beta = \mathfrak{N}\cos\alpha \sin\beta$, die die Achse rechtwinklig kreuzt. Durch das Vorbeigleiten des

Radzahnes am Schneckenzahn entsteht die Reibung $\mu \cdot \mathfrak{N}$. Diese wird zerlegt in eine Reibungskraft $\mu \cdot \mathfrak{N} \cdot \sin\beta$ parallel der Schneckenachse, aber entgegengerichtet der Kraft $\mathfrak{N}_x$, und eine Reibungskraft $\mu \cdot \mathfrak{N} \cos\beta$.

Durch Addieren entstehen die **Axialkraft:** $P = \mathfrak{N}_x - \mu \cdot \mathfrak{N} \cdot \sin\beta = \mathfrak{N}(\cos\alpha \cos\beta - \mu \sin\beta)$; die **Umfangskraft:** $P_u = \mathfrak{N}_y + \mu \cdot \mathfrak{N} \cdot \cos\beta = \mathfrak{N}(\cos\alpha \sin\beta + \mu \cdot \cos\beta)$ und die **Radialkraft:** $P_r = \mathfrak{N}_z = \mathfrak{N} \sin\alpha$.

Es wird
$$\frac{P_u}{P} = \frac{\mathfrak{N}(\cos\alpha \sin\beta + \mu \cdot \cos\beta)}{\mathfrak{N}(\cos\alpha \cos\beta - \mu \cdot \sin\beta)} = \frac{\sin\beta + \dfrac{\mu}{\cos\alpha} \cdot \cos\beta}{\cos\beta - \dfrac{\mu}{\cos\alpha} \cdot \sin\beta}.$$

Der Reibungskoeffizient μ wird ersetzt durch den Reibungswinkel ϱ; die Reibung vergroßert sich durch die Keilnutwirkung auf $\dfrac{\mu}{\cos\alpha} = \mu' = \mathrm{tg}\,\varrho'$. Es ist also:

$$\frac{P_u}{P} = \frac{\sin\beta + \mathrm{tg}\,\varrho' \cos\beta}{\cos\beta - \mathrm{tg}\,\varrho' \sin\beta} = \frac{\mathrm{tg}\,\beta + \mathrm{tg}\,\varrho'}{1 - \mathrm{tg}\,\varrho' \,\mathrm{tg}\,\beta} = \mathrm{tg}\,(\beta + \varrho').$$

An den Lagern der Schnecke greift die Kraft P (Abb. 74) am Hebelarm r an. Sie wird ersetzt durch ein Drehmoment $P \cdot r$ und eine Einzelkraft P, die auf Langsverschieben der Schnecke wirkt und, da die Drehrichtung der Schnecke umkehrbar ist, für jede Richtung durch ein Drucklager aufzunehmen ist. Das Drehmoment $P \cdot r$ ergibt ein Kippmoment, das durch das Moment der Auflagerkrafte der Schneckenlager aufzunehmen ist. Es ist also $\dfrac{Q_1 + Q_1'}{2} \cdot e_1 = P \cdot r$ und bei symmetrischer Anordnung $Q_1 = Q_1' = P \cdot \dfrac{r}{e_1}$. Die Umfangskraft P_u wirkt am Hebelarm r, sie wird ersetzt durch das eingeleitete Drehmoment $P_u \cdot r$, das sich auf das

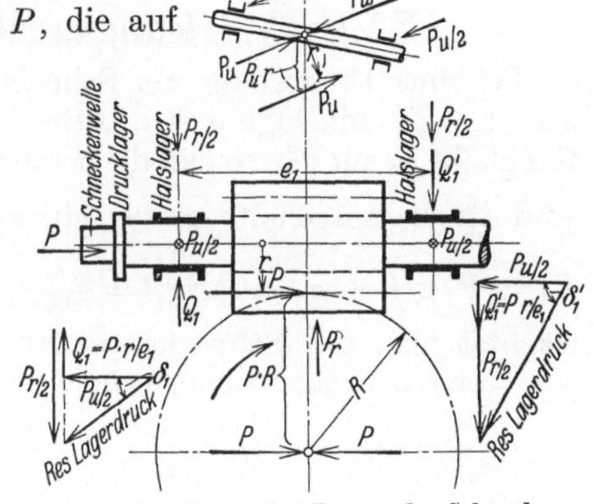

Abb 74. Krafte an den Lagern der Schnecke.

Schneckenrad übertragt, und eine Einzelkraft P_u, die von beiden Halslagern, von jedem also mit $\dfrac{P_u}{2}$, aufzunehmen ist. Die Radialkraft P_r drückt die Schnecke vom Schneckenrad ab und ist von den Halslagern mit je $\dfrac{P_r}{2}$ aufzunehmen. Demnach ergeben sich an den Lagern der Schnecke folgende Beanspruchungen: das Drucklager muß fur die Axialkraft P der Schnecke berechnet werden, die Halslager der Schnecke werden waagerecht mit je der Hälfte der Umfangskraft $\dfrac{P_u}{2}$, senkrecht mit der Hälfte der Radialkraft $\dfrac{P_r}{2}$ und außerdem mit wechselnder Richtung durch Q_1 und Q_1' beansprucht. Der resultierende Lagerdruck ist bei beiden Lagern verschieden groß und wirkt unter verschiedenen Winkeln δ_1 und δ_1'.

Auf die Lager des Schneckenrades (Abb. 75) wirkt die Axialkraft P am Hebelarm R; sie wird ersetzt durch das Drehmoment $P \cdot R$, das als nutzbares Drehmoment abgegeben wird, und durch die Einzelkraft P, die von den Halslagern des Schneckenrades mit je $\dfrac{P}{2}$ aufzunehmen ist. Die Umfangskraft P_u greift am Hebelarm R an, sie wird ersetzt durch eine Einzelkraft P_u, die das Schneckenrad beiseite druckt und von einem Anlauf an der Schneckenradnabe aufgenommen wird, an dessen Stelle bei großen Schnecken ein besonderes Kugeldrucklager ausgeführt wird, und durch ein Kippmoment, das von den Halslagern aufzunehmen ist. Es ist also $\dfrac{Q_2 + Q_2'}{2} \cdot e_2 = P_u \cdot R$ und bei symmetrischer Ausführung $Q_2 = Q_2' = P_u \cdot \dfrac{R}{e_2}$. Die Halslager der Schnecke sind daher beansprucht waagerecht mit je $\dfrac{P}{2}$, senkrecht mit je $\dfrac{P_r}{2}$ und dazu mit wechselnder Richtung mit $Q_2 = Q_2'$. Die Beanspruchungen an beiden Halslagern sind verschieden und können infolge des Kippmoments an einem der Lager auch von der Schneckenachse her gerichtet sein, d. h. das Lager kann oben anliegen. Da immer die ungünstigsten Verhaltnisse zugrunde gelegt werden müssen, werden die Halslager meist ungeteilt ausgeführt.

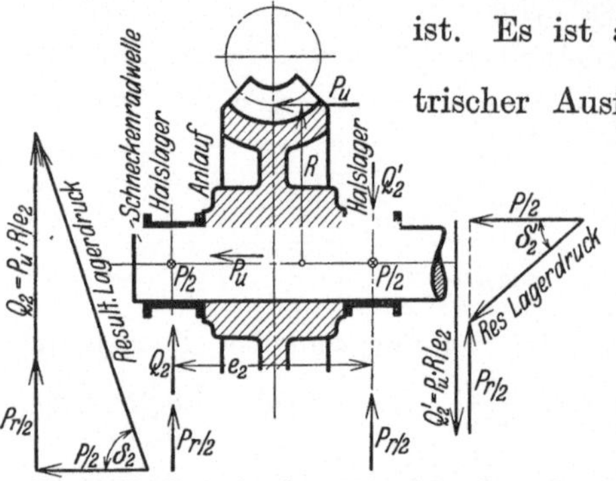

Abb. 75. Krafte an den Lagern des Schneckenrades.

XVII. Wirkungsgrad der Schneckengetriebe.

Bei einer Umdrehung der Schnecke legt die Umfangskraft P_u den Weg $2\pi r$ zurück; die hineingesteckte Arbeit ist $P_u \cdot 2\pi r$. Die Axialkraft P legt die Ganghöhe h_S zuruck, so daß die herausgeholte Arbeit $P \cdot h_S$ beträgt. Der Wirkungsgrad ist herausgeholte durch hineingesteckte Arbeit, also $= \dfrac{P \cdot h_s}{P_u \cdot 2\pi r}$. Nun ist $P_u = P \operatorname{tg}(\beta + \varrho')$ und $\operatorname{tg}\beta = \dfrac{h_s}{2\pi r}$; demnach $\eta = \dfrac{P \operatorname{tg}\beta}{P \operatorname{tg}(\beta + \varrho')} = \dfrac{\operatorname{tg}\beta}{\operatorname{tg}(\beta + \varrho')}$. Betrachtet man das Schneckengewinde als schiefe Ebene, so tritt Selbsthemmung ein, wenn der Schraubungswinkel β gleich dem Reibungswinkel ϱ' ist, also für

$$\eta = \frac{\operatorname{tg}\varrho'}{\operatorname{tg}2\varrho'} = \frac{\operatorname{tg}\varrho'(1 - \operatorname{tg}^2\varrho')}{2\operatorname{tg}\varrho'} = \frac{1 - \operatorname{tg}^2\varrho'}{2}.$$

Tabelle 16. η fur Selbsthemmung.

Schnecke	μ	$\alpha = 15°$	$20°$	$25°$	$30°$
Unbearbeitet	0,15	0,488	0,487	0,486	0,485
Gußeisen in Luft uml.	0,10	0,497	0,495	0,494	0,493
Stahl auf Bronze, in Öl uml	0,05	0,499	0,499	0,498	0,498

Der Wirkungsgrad für Selbsthemmung weicht nie stark von 0,5 ab. Der Gesamtwirkungsgrad des Schneckengetriebes ist etwas geringer als η, da die hineingesteckte Arbeit um einen Zuschlag a für Lagerreibung zu vergrößern ist. Es ist der Gesamtwirkungsgrad des Schneckengetriebes $\eta_S = \dfrac{\eta}{1+a} = \dfrac{\operatorname{tg}\beta}{(1+a)\operatorname{tg}(\beta + \varrho')}$. Da die Lagerreibung ebenfalls hemmend wirkt, wird der Bereich der Selbsthemmung etwas vergrößert. Als selbsthemmend können alle Schnecken mit $\eta_S \lesseqgtr 0,5$ gelten; wegen Unsicherheit des Reibungskoeffizienten bleibt man noch etwas unter diesem Betrag, wenn Selbsthemmung notwendig ist. Der Wirkungsgrad der Schnecke η hat einen Höchstwert; an derselben Stelle hat auch der Gesamtwirkungsgrad η_S ein im Verhältnis $\dfrac{1}{1+a}$ kleineren Höchstwert, der berechnet wird durch Nullsetzen des ersten Differentialquotienten. Es ist:

$$d\eta = \frac{d\operatorname{tg}\beta}{\operatorname{tg}(\beta + \varrho')} - \frac{\operatorname{tg}\beta}{\operatorname{tg}^2(\beta + \varrho')} d\operatorname{tg}(\beta + \varrho') = \frac{1}{\operatorname{tg}(\beta + \varrho')\cos^2\beta} \cdot d\beta$$

$$- \frac{\operatorname{tg}\beta}{\operatorname{tg}^2(\beta + \varrho')\cos^2(\beta + \varrho')} d(\beta + \varrho') = \frac{1}{\operatorname{tg}(\beta + \varrho')}\left[\frac{1}{\cos^2\beta} - \frac{\operatorname{tg}\beta}{\operatorname{tg}(\beta + \varrho')\cos^2(\beta + \varrho')}\right] d\beta$$

und
$$\frac{d\eta}{d\beta} = \frac{1}{\operatorname{tg}(\beta + \varrho')}\left[\frac{1}{\cos^2\beta} - \frac{\operatorname{tg}\beta}{\operatorname{tg}(\beta + \varrho')\cos^2(\beta + \varrho')}\right] = 0.$$

Hieraus folgt: $\operatorname{tg}(\beta + \varrho')\cos^2(\beta + \varrho') = \operatorname{tg}\beta \cdot \cos^2\beta$ und unter Einsetzung von $\operatorname{tg} = \frac{\sin}{\cos}$ wird $\sin(\beta + \varrho')\cos(\beta + \varrho') = \sin\beta\cos\beta$ und $\sin 2(\beta + \varrho') = \sin 2\beta$. Diese Gleichung hat zwei Lösungen, die erste Lösung ist: $2(\beta + \varrho') = 2\beta$, $\beta + \varrho' = \beta$; das ist nur möglich, wenn $\varrho' = 0$ ist. Da der Sinus eines Winkels gleich dem Sinus des Nebenwinkels ist, ergibt sich als zweite Lösung: $\sin 2(\beta + \varrho') = \sin(180° - 2\beta)$ und daraus: $\beta + \varrho' = 90° - \beta$; $\beta = 45° - \frac{\varrho'}{2}$.

Hiermit ist $\beta + \varrho' = 45° - \frac{\varrho'}{2} + \varrho' = 45° + \frac{\varrho'}{2}$; durch Einsetzen wird

$$\eta_{\max} = \frac{\operatorname{tg}\left(45° - \frac{\varrho'}{2}\right)}{\operatorname{tg}\left(45° + \frac{\varrho'}{2}\right)} = \operatorname{tg}\left(45° - \frac{\varrho'}{2}\right)\operatorname{ctg}\left(45° + \frac{\varrho'}{2}\right) = \operatorname{tg}^2\left(45° - \frac{\varrho'}{2}\right) = \operatorname{tg}^2\beta.$$

Schnecke und Schneckenrad sind durch den Modul bestimmt. Es ist die Ganghöhe der Schnecke: $h_s = z_s \cdot t = z_s \cdot m \cdot \pi$, wobei t die Stirnteilung, nicht aber die Normalteilung bedeutet. Daraus ergibt sich $\operatorname{tg}\beta = \frac{h_s}{2\pi r} = \frac{h_s}{\pi d} = z_s\left(\frac{m}{d}\right)$. Dieser Wert ist leichter zu bestimmen als der Schraubungswinkel. Durch Einsetzen ergibt sich:

$$\eta = \frac{z_s\left(\frac{m}{d}\right)\left[1 - \mu' \cdot z_s\left(\frac{m}{d}\right)\right]}{z_s\left(\frac{m}{d}\right) + \mu'} \quad \text{und der Gesamtwirkungsgrad:} \quad \eta_S = \frac{z_s\left(\frac{m}{d}\right)\left[1 - \mu' \cdot z_s\left(\frac{m}{d}\right)\right]}{(1 + a)\left[z_s\left(\frac{m}{d}\right) + \mu'\right]}.$$

Der maximale Wirkungsgrad tritt auf, wenn $\operatorname{tg}\beta = \operatorname{tg}\left(45° - \frac{\varrho'}{2}\right) = z_s\left(\frac{m}{d}\right)$ ist.

Nun ist
$$\operatorname{tg}\frac{90° - \varrho'}{2} = \frac{\sin\frac{90° - \varrho'}{2}}{\cos\frac{90° - \varrho'}{2}} = \frac{2\sin^2\frac{90° - \varrho'}{2}}{2\sin\frac{90° - \varrho'}{2}\cos\frac{90° - \varrho'}{2}} = \frac{1 - \cos(90° - \varrho')}{\sin(90° - \varrho')}$$

$$= \frac{1 - \sin\varrho'}{\cos\varrho'} = \frac{1}{\cos\varrho'} - \operatorname{tg}\varrho' = \sqrt{1 + \operatorname{tg}^2\varrho'} - \operatorname{tg}\varrho',$$

demnach ist.
$$\left(\frac{m}{d}\right) = \frac{\sqrt{1 + \mu'^2} - \mu'}{z_s}.$$

Der maximale Wirkungsgrad ist $\eta_{\max} = \operatorname{tg}^2\beta = 1 + 2\mu'^2 - 2\mu'\sqrt{1 + \mu'^2}$ und der maximale Wirkungsgrad des Getriebes $\eta_{S\max} = \frac{\eta_{\max}}{1 + a}$. Der maximale Wirkungsgrad ist für alle Gangzahlen z_s gleich, tritt aber bei verschiedenen Werten von $\frac{m}{d}$ auf; er ist nur abhängig von der Schnecke selbst, unabhängig vom Schneckenrad. Ist das Getriebe mit Schnecken aus Flußstahl, einem Schneckenrad aus Phosphorbronze und mit Kugellagern ausgeführt, ist etwa $\mu = 0{,}05$; $a = 0{,}05$; für Schnecken und Schneckenrad aus Gußeisen und Gleitlager ist $\mu = 0{,}10$ und $a = 0{,}10$. Der Einfluß des Eingriffwinkels durch die Keilnutwirkung ist sehr gering. Schnecken, bei denen $\frac{m}{d}$ kleiner als $\sim 0{,}12 - 0{,}14$ ist, sind meist besonders auf die Welle aufgekeilt, mit größeren Werten $\frac{m}{d}$ aus dem Vollen geschnitten.

Bei sehr großen Werten $\left(\frac{m}{d} > 0{,}26\right)$ reicht der Restquerschnitt der Welle für die Verdrehungsbeanspruchung nicht mehr aus. Der maximale Wirkungsgrad

$\eta_{S\,max}$ wird bis $\dfrac{m}{d} = 0,26$ und bei 4gangigen, aus dem Vollen geschnittenen Schnecken erreicht, für Stahlschnecken bei $\left(\dfrac{m}{d}\right) = 0,237$ mit $\eta_{S\,max} = 0,85$, bei gußeisernen bei $\left(\dfrac{m}{d}\right) = 0,224$ mit $\eta_{S\,max} = 0,74$. Die zugehörigen Schraubungswinkel sind $\beta = 43° \, 27'$ bzw. $41° \, 55'$. Die Grenze der Selbsthemmung ist durch den Wirkungs-

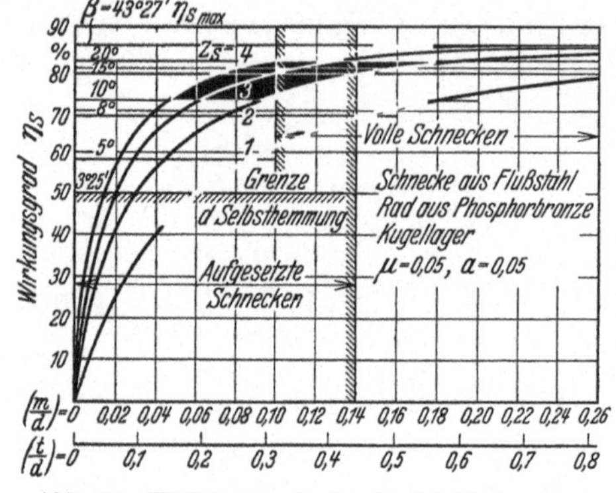

Abb. 76. Wirkungsgrade der Flußstahlschnecke.

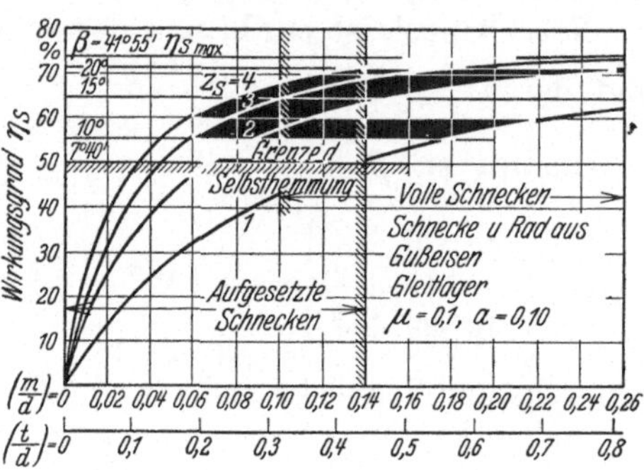

Abb 77. Wirkungsgrade der Gußstahlschnecke.

grad $\eta = 0,5$ gegeben. Die entsprechenden Schraubungswinkel sind $\beta = 3° \, 25'$ bzw. $7° \, 40'$.

Höhere Gangzahl ($z_s = 2, 3, 4$) und verhaltnismäßig kleine Schnecken, d. h. hohe Werte von $\dfrac{m}{d}$ ergeben bessere Wirkungsgrade, sind aber nicht selbsthemmend.

Tabelle 17. Mittelwerte fur die erste Rechnung.

	$\dfrac{m}{d}$	$z_s = 1$	$= 2$	$= 3$	$= 4$
Aufgesetzte Schnecke Gußeisen	0,10	$\eta = 0,48$	0,63	0,71	0,75
		$\eta_s = 0,43$	0,58	0,65	0,68
Aus dem Vollen gedrehte Schnecke Flußstahl auf Bronze	0,15	$\eta = 0,73$	0,84	0,87	0,89
		$\eta_s = 0,70$	0,80	0,83	0,85

Selbsthemmung erfordert kleine Gangzahl ($z_s = 1$) und große, besonders aufgesetzte Schnecken, d. h. kleine Werte von $\dfrac{m}{d}$.

Für andere Werte sind die Wirkungsgrade aus Abb. 76 und 77 abzugreifen.

XVIII. Grundlagen der Festigkeitsberechnung der Stirn- und Kegelräder.

Die Zahne werden so berechnet, daß ihr Widerstandsmoment dem Biegungsmoment des Zahndruckes genügt; die zulässige Biegungsbeanspruchung ist so zu wählen, daß Flachenpressung, Erwärmung, Abnutzung und gegebenenfalls Stöße ausreichend berücksichtigt sind. Bei Beginn des Eingriffs (Punkt A der Eingriffstrecke) greift der Zahndruck am Kopfende des Zahnes an und beansprucht ihn auf Biegung. Es ist demgemäß $P \cdot h = W \cdot \sigma_b = \dfrac{b \cdot s^2}{6} \cdot \sigma_b$

Abb. 78 Zahnbiegung.

(Abb. 78); hierin kann (nach Abschnitt I) gesetzt werden die Zahnhöhe $h = 0,7 \, t$ und die Stärke des Zahnes $s \approx 0,5 \, t$; hiermit ist

$$P = \frac{0,25}{0,7 \cdot 6} \cdot \sigma_b \cdot b \cdot t = 0,06 \, \sigma_b \cdot b \cdot t = c \cdot b \cdot t.$$ c wird bezeichnet als **Zahndruck-koeffizient**.

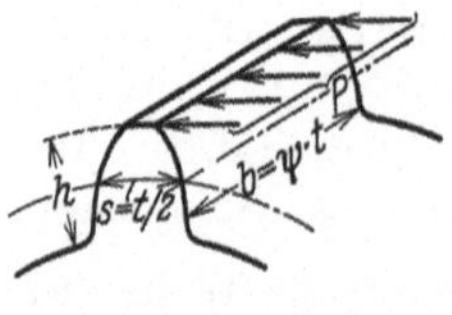

Bei dieser Ableitung ist nicht berucksichtigt:

1. daß der Überdeckungsgrad ε meist >1 ist, so daß zu Beginn der Übertragung mehrere Zahne an der Übertragung teilnehmen;

2. daß der Zahndruck immer mehr naher an den Zahnfuß herangleitet, der Hebelarm daher nur bei Beginn des Eingriffs gleich der Zahnhöhe ist;

3. daß der Zahn unter Umstanden (z. B. bei der Stumpfverzahnung, Abschnitt IX) oder bei Herstellung mit Profilabruckung kleiner als $0,7\,t$ ist;

4. daß der Zahn bei Unterschneidung an der Wurzel kleiner als $0,5\,t$ ist.

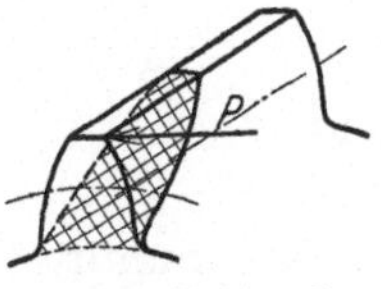

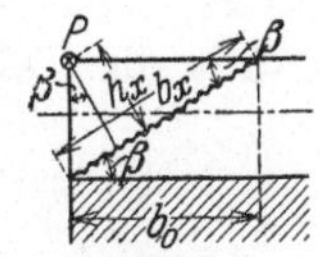

Abb 79   Eckbruch

Diese Einflusse heben sich in ihrer Wirkung gegenseitig, mindestens teilweise, auf. Wird $b = \psi\,t$ eingesetzt, ist $P = c \cdot \psi \cdot t^2$. Für die Wahl des Verhältniswertes ψ ist folgendes maßgebend: bei unbearbeiteten Zahnen besteht die Gefahr des Eckbruches, die Kraft P kann ungunstigstenfalls nur an einem Eckpunkt angreifen und bricht den Zahn nicht an der Wurzel, sondern in einer schrägen Fläche ab (Abb. 79). Der schräge Schnitt liegt unter einem beliebigen Winkel β; es ergeben sich dann nach Abb. 80 folgende Beziehungen: der Hebelarm ist $h_x = h \cdot \cos\beta$, die Breite der abgebrochenen Ecke $b_x = \dfrac{h}{\sin\beta}$ und ihre Projektion auf die Zahnbreite $b_0 = b_x \cdot \cos\beta = h\,\operatorname{ctg}\beta$.

Abb 80
Beziehungen am
Eckbruch.

Unter der Annahme, daß s die mittlere Stärke auch des schrägen Schnittes ist, ist $P \cdot h_x = \dfrac{b_x \cdot s^2}{6} \cdot \sigma_b$ und die Biegungsbeanspruchung:

$$\sigma_b = \frac{6\,P}{s^2} \cdot \frac{h_x}{b_x} = \frac{6\,P}{s^2} \sin\beta \cos\beta = \frac{3\,P}{s^2} \sin 2\beta\,.$$

Die Differentiation ergibt:

$$d(\sigma_b) = \frac{6\,P}{s^2} \cos 2\beta\, d\beta\,, \qquad \frac{d(\sigma_b)}{d\beta} = \frac{6\,P}{s^2} \cdot \cos 2\beta = 0\,,$$

und entsprechend $\beta = 45^\circ$; $\sigma_{b\max} = \dfrac{3\,P}{s^2}$.

Greift der Zahndruck aber doch uber die ganze Zahnbreite b verteilt an, so ist die Beanspruchung: $\sigma_b = \dfrac{6\,P}{s^2} \cdot \dfrac{h}{b}$.

Die maximale Beanspruchung $\sigma_{b\max}$ darf die Beanspruchung σ_b nicht überschreiten, demnach ist: $\dfrac{3\,P}{s^2} = \dfrac{6\,P}{s^2} \cdot \dfrac{h}{b}$; $b = 2\,h = 1,4\,t$.

Solange die Gefahr des Eckbruches besteht, ist eine größere Zahnbreite zwecklos, da sonst größere Beanspruchung auftreten kann. Da der Zahndruck aber selten gerade genau in der Ecke angreift, wird meist gewählt:

$\psi = 2$ für unbearbeitete Zahne;

$\psi = 3$ für bearbeitete Zähne, bei denen die Eckbruchgefahr nur gering ist (als Normalzahnrad wird oft benutzt: $b = 10\,m$, entsprechend $\psi = 3,18$);

$\psi = 4$ bei Stirnrädern mit Pfeilzahnen wegen der gunstigen Eingriffsverhältnisse (siehe Abb. 50).

$\psi = 5$ bei Stirnradern mit Doppelpfeilzähnen (siehe Abb. 51).

Meist ist nicht der Zahndruck, sondern das Drehmoment M_d gegeben. Es ist also:

$$P = c\,\psi\,t^2 = \frac{2\,\pi}{Z \cdot t} \cdot M_d\,; \qquad M_d = \frac{c\,\psi\,Z}{2\,\pi} \cdot t^3 \quad \text{oder} \quad t = \sqrt[3]{\frac{2\,\pi}{c\,\psi\,Z} \cdot M_d}\,.$$

Diese Gleichung ist zu verwenden, wenn das Drehmoment M_d gegeben ist, wie bei Handwinden. M_d ist einzusetzen in cmkg, da der Zahndruckkoeffizient c in kg/cm² und die Teilung t in cm benutzt wird. Hieraus ergibt sich die ubertragbare Leistung in kW, es ist:

$$M_d = 100 \cdot \frac{60}{2\pi} \cdot \frac{1000}{g} \frac{N_{kW}}{n} = \frac{c\psi Z}{2\pi} t^3$$

und

$$t\,[\text{cm}] = \sqrt[3]{\frac{60 \cdot 10^5}{9,81} \cdot \frac{1}{c\psi Z} \frac{N_{kW}}{n}} = 10 \sqrt[3]{\frac{612}{c\psi Z} \frac{N_{kW}}{n}}.$$

Soll unmittelbar der Modul m in mm berechnet werden, ist $m = \frac{10}{\pi} t$, und es wird

$$m\,[\text{mm}] = 100 \sqrt[3]{\frac{19,7}{c\psi Z} \cdot \frac{N_{kW}}{n}}.$$

Die übertragbare Leistung in PS ergibt sich aus:

$$M_d = 100 \cdot \frac{60 \cdot 75}{2\pi} \frac{N_{PS}}{n} = \frac{c\psi Z}{2\pi} t^3,$$

damit die Teilung

$$t\,[\text{cm}] = 10 \sqrt[3]{\frac{450}{c\psi Z} \frac{N_{PS}}{n}} \quad \text{und der Modul} \quad m\,[\text{mm}] = 100 \sqrt[3]{\frac{14,5}{c\psi Z} \cdot \frac{N_{PS}}{n}}.$$

Diese Formeln sind zu benutzen, wenn, wie meist, Leistung und Umlaufzahl gegeben sind. Für die Wahl der Zahnezahlen gilt folgendes: je weniger Zähne vorhanden sind, desto weniger Lücken sind zu bearbeiten, desto schlechter ist aber der Eingriff und die Abnutzung, je größer die Zähnezahl, desto ruhiger ist der Gang. Üblich sind

$Z \geqq 10$ für Winden mit Handbetrieb und seltener Benutzung, häufig bezeichnet als Krafträder;

$Z \geqq 24$ für dauernd laufende Räder (Arbeitsräder);

$Z \geqq 16$ bis 20 für Antriebe, die in der Benutzungsdauer zwischen beiden liegen (Kranräder).

Mit Rücksicht auf die Herstellung soll die Zahnezahl möglichst gut teilbar und ein Vielfaches der Armzahl sein. ($Z = 12$, 16, 20, 24, 30, 32, 36, 40, 48 usf.) Die Zähnezahl des großen Rades ergibt sich aus der Übersetzung i. Wegen des besseren Einarbeitens werden Übersetzungen 1:2, 1:3, 1:4 gewählt, wobei die Zähne des kleinen Rades immer mit denselben Zahnen des Großrades zusammen arbeiten. Nur bei periodischem Wechsel des Zahndruckes innerhalb jeder Umdrehung (verzahnte Schwungräder, Hammerwerke) werden Übersetzungsverhältnisse 2:3, 2:5 oder 3:4, 3:5 angeordnet, damit nicht immer der gleiche Zahn den Höchstdruck erhält. DIN 781 enthält die Zähnezahl für die Wechselrader der Leitspindeldrehbänke, der Universalfrasmaschinen und der Zahnräderbearbeitungsmaschinen. Es sollen erhalten: Triebwerksräder (Arbeitsräder) bis $i = \sim 1:6$, bei raschem Gang nur bis $\sim 1:5$, und bei ungleichmäßigem Zahndruck nur bis $\sim 1:4$, Krane und Hebezeuge (Krafträder) bis $i = 1:7$, unter Umständen bis 1:10; Zahnradumformer (für Schiffsturbinenbetriebe, Turbolokomotiven, Dieselmotoren u. dgl.) haben Übersetzungsverhaltnisse bis $i = 1:15$ und daruber bis etwa 1:30.

Wird die Übersetzung ins Langsame aufgeteilt, z. B. $\frac{1}{12} = \frac{1}{3} \times \frac{1}{4}$ soll die kleinere Übersetzung vorangehen, damit die Zwischenwelle größere Umlaufzahl erhält und kleiner ausfallt. Entsprechend den Reibungskoeffizienten (Abschn. VIII) ist mit folgenden Wirkungsgraden zu rechnen (einschließlich Lagerreibung).

$\eta = 0,85$ bis 0,9 für unbearbeitete Zähne;

$\eta = 0,9$ bis 0,95 fur bearbeitete, in Luft frei umlaufende Zahne;

$\eta = 0,95$ bis 0,97 für Zahnradumformer im Ölbad.

Fur die Wahl des Werkstoffes und der Bearbeitung ist folgendes maßgebend: Unbearbeitete Zähne durfen nicht mehr als 2 bis 4 m/s Umfangsgeschwindigkeit v im Teilkreis erhalten, da sonst zu starkes Geräusch entsteht. Bei bearbeiteten und frei umlaufenden Radern liegt die Grenze bei etwa 7 bis 8 m/s, bei Rohhautzahnen, die das Gerausch teilweise abdampfen, bei ungefahr 15 m/s, wahrend Zahnradumformer mit Ölbad und Ölkuhlung bis zu $v \approx 60$ m/s ausgefuhrt werden.

Für die Wahl des Zahndruckkoeffizienten c gilt folgendes: Jeder einzelne Zahn ist nur $\frac{\varepsilon}{Z}$ Bruchteile jedes Umlaufes belastet, er ist $\frac{Z-\varepsilon}{Z}$ Bruchteile unbelastet. Bei ganz langsamem Gang kann, z. B. bei Handbetrieb, die Biegungsbeanspruchung σ_b entsprechend dem Belastungsfall I nach Bach (ruhende Belastung) und $c = 0{,}06\,\sigma_b$ gewahlt werden. Bei großerer Umlaufzahl kommt zur Biegungsbeanspruchung eine kleine Beanspruchung auf Zug durch die Fliehkraft des Zahnes hinzu. Gleichzeitig nahert sich die Belastung dem Fall II nach Bach (wechselnde Belastung). Der Belastungsfall III (hammernde Belastung) wird von Zahnradern nie erreicht, da auch bei wechselnder Drehrichtung die Zahne nicht dauernd hin und her gebogen, sondern stets dazwischen auch langere Zeit entlastet werden. Außer der Beanspruchung ist für den Zahndruckkoeffizienten die Abnutzung maßgebend, die proportional dem Reibungskoeffizienten μ, dem Zahndruck P und der relativen Gleitgeschwindigkeit $(w_1 - w_2)$ ist.

Nun ist P proportional dem Zahnraddruckkoeffizienten c, die Gleitgeschwindigkeit proportional der Umfangsgeschwindigkeit v; es ist also die Abnutzung proportional $\mu \cdot c \cdot v$. Bei Zahnradumformern ist der Reibungskoeffizient μ sehr klein; es kann auch bei großer Umfangsgeschwindigkeit v der Zahndruckkoeffizient c entsprechend dem Belastungsfall II gewahlt werden. Bei gewohnlichen, in der Luft umlaufenden, mit Graphit oder Öl geschmierten Radern ist der Reibungskoeffizient erheblich hoher, kann aber für alle Räder gleich gesetzt werden. Es ist also dann die Abnutzung proportional $c \cdot v$, fur gleiche Abnutzung (gleiche Lebensdauer) fur Räder gleicher Abmessungen muß $c \cdot v = $ const. sein. (Gleichseitige Hyperbeln Abb. 81.) Eine so starke Absenkung führt zu sehr schweren Rädern bei großer Umfangsgeschwindigkeit, so daß auf die Forderung gleicher Lebensdauer verzichtet wird. Nun bestehen eine Reihe von Tabellen, die von den zahnraderausfuhrenden Firmen[1] heraus-

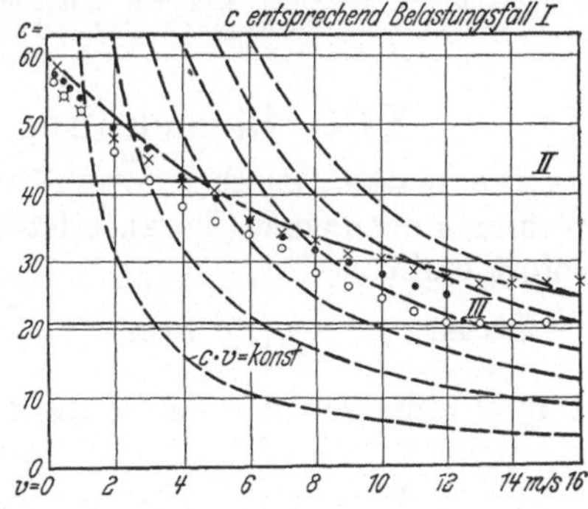

Abb 81 Zahndruckkoeffizienten fur Stahlguß.

gegeben sind. In Abb. 81 sind für Stahlguß eingetragen: die Werte des Zahndruckkoeffizienten c, die den Belastungsfallen I, II, III entsprechen, die Werte c aus den Tabellen, die gleichseitigen Hyperbeln $c \cdot v = $ const, sowie eine von Reuleaux angegebene Gleichung $\left(\text{für Stahlguß } c = \frac{600}{v+10}, \text{ fur Gußeisen } c = \frac{300}{v+10}\right)$. Es ist ersichtlich, daß der Zahndruckkoeffizient sowohl nach den Tabellen als auch nach Reuleaux bei $v = 0$ etwa dem Belastungsfall I, bei $v = 3$ bis 5 m/s etwa dem Belastungsfall II entsprechen. Die Streuung aus den Tabellen und der Formel von

---

[1] Krupp, F., Grusonwerk — Hilfsbuch von Schuchardt u. Schutte. — Schutte, A.H.: vgl. auch Karrass: Zahnradberechnung nach einer Charakteristik. Masch.-Bau/Gestaltung 1923 Heft 21. — Honnicke, G.: Die Teilung der Zahnrader und ihre einfachste rechnerische Bestimmung. Berlin: Julius Springer 1927.

Reuleaux ist nicht sehr erheblich, zumal die Teilung erst durch $\sqrt[3]{c}$ beeinflußt wird und noch der Normalmodulreihe angepaßt werden muß. Trägt man die Tabellenwerte als $f\sqrt{v}$ auf (Abb. 82), lassen sich die Kurven durch gerade Linien annähern, deren Gleichung durch $c = c_0 - c'\sqrt{v}$ ausgedrückt ist. Hierin ist c_0 der dem Belastungsfall I entsprechende Wert für Stillstand oder ganz langsamen Gang. Hiermit ergibt sich folgende Tabelle für verschiedene Baustoffe, wobei die Werte von Schuchardt und Schütte benutzt sind.

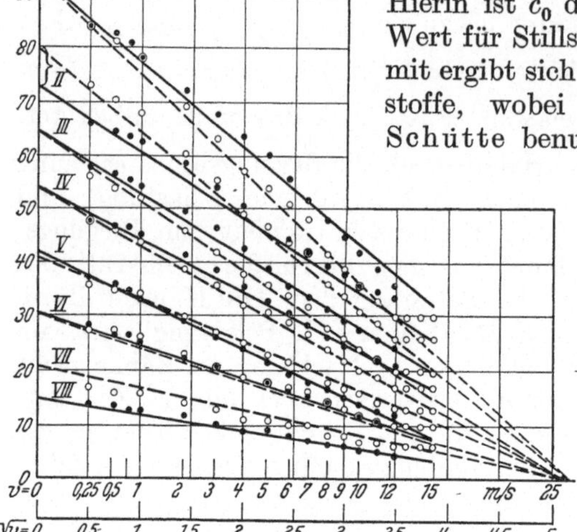

Abb. 82. Zahndruckkoeffizienten nach Tabellen.

— • nach F. Krupp AG. Grusonwerk, — — o nach Schuchardt und Schutte   I. Maschinenstahl, II. Stahlbronze (Deltametall), III. Stahlguß, IV. Phosphorbronze, V. Rotguß, VI Gußeisen, VII Rohhaut und Weißbuche (n. F. Krupp), VIII. Rohhaut und Weißbuche (n. S u. S.).

Tabelle 18. Festigkeitskonstanten.

Baustoff	c_0	c'
Chromnickelstahl	251	49
Nickelstahl	130	37
Maschinenstahl	93	18
Stahlbronze (Deltametall).	80	15,5
Stahlguß................	64	12,5
Phosphorbronze..........	54	10,7
Rotguß	41	8
Gußeisen................	31	6
Rohhaut und Weißbuche..	20,5	4

Es wird hierbei $c = 0$ für $v = \left(\dfrac{c_0}{c'}\right)^2 = 26{,}5$ für alle Baustoffe. Die Abweichung, die sich aus den anderen Tabellen ergibt, ist nur sehr gering.

XIX. Berechnung nach einer Charakteristik.

Die mathematische Formulierung eines Gesetzes für c ermöglicht die Berechnung nach einer Charakteristik, wobei sich auch die Umfangsgeschwindigkeit v sofort ergibt.

Es ist
$$v\,[\text{m/s}] = \frac{\pi D\,[\text{m}] \cdot n}{60} = \frac{Z \cdot t\,[\text{cm}] \cdot n}{6000}.$$

Durch Einsetzen der Gleichung für die Teilung ist:
$$v = \frac{Z \cdot n \cdot 10}{6000}\sqrt[3]{612}\,\sqrt[3]{\frac{1}{c \cdot \psi Z} \cdot \frac{N_{kW}}{n}} = 1{,}415 \cdot 10^{-2} \cdot Z \cdot n \sqrt[3]{\frac{1}{c\,\psi Z} \cdot \frac{N_{kW}}{n}}$$

und
$$v^3 = 2{,}83 \cdot 10^{-6}\,\frac{1}{c \cdot \psi}\left(Z \cdot n \sqrt{N_{kW}}\right)^2.$$

Führt man als „Charakteristik des Zahngetriebes" $\zeta = nZ\sqrt{N_{kW}}$ ein, so ist
$$v^3 = 2{,}83 \cdot 10^{-6}\,\frac{1}{c \cdot \psi} \cdot \zeta^2 \quad \text{und} \quad \zeta = \frac{1}{\sqrt{2{,}83}} \cdot 10^3 \sqrt{c \cdot \psi} \cdot \sqrt{v^3} = 594{,}3\,c^{0,5}\,\psi^{0,5} \cdot v^{1,5},$$

ebenso ist, wenn N in PS gemessen: $\zeta = 691 \cdot c^{0,5}\,\psi^{0,5} \cdot v^{1,5}$.

Die Charakteristik ist für beide Räder gleich und aus den Unterlagen leicht zu bilden, da die Leistung N und die Umlaufzahl n gegeben sind, die Zähnezahl Z nach den früheren Angaben anzunehmen ist. Setzt man $c = c_0 - c'\sqrt{v}$ oder $v = \left(\dfrac{c_0 - c}{c'}\right)^2$, so wird

$$\text{für } N_{kW}: \ \zeta = 594{,}3\,\psi^{0,5}\left(\frac{c_0 - c}{c'}\right)^3 c^{0,5}, \quad \text{für } N_{PS}: \ \zeta = 691\,\psi^{0,5}\left(\frac{c_0 - c}{c'}\right)^3 c^{0,5},$$

oder
$$\zeta = \mathrm{const}\left(\frac{c_0 - c}{c'}\right)^3 \cdot c^{0,5};$$

hierin ist die Konstante:

	fur N_{kW}	fur N_{PS}
fur $\psi = 2$	const = 841	= 977
$\psi = 3$	1029	1198
$\psi = 4$	1189	1382
$\psi = 5$	1329	1545
$b = 10\,m\ (\psi = 3,18)$	1061	1236

Hiernach kann aus angenommenen Werten von c sowohl v als auch die Charakteristik ζ für die verschiedenen Werte von ψ errechnet und als Funktion von ζ aufgetragen werden. Aus diesen Kurven (Abb. 83—87) kann umgekehrt fur jede errechnete Charakteristik

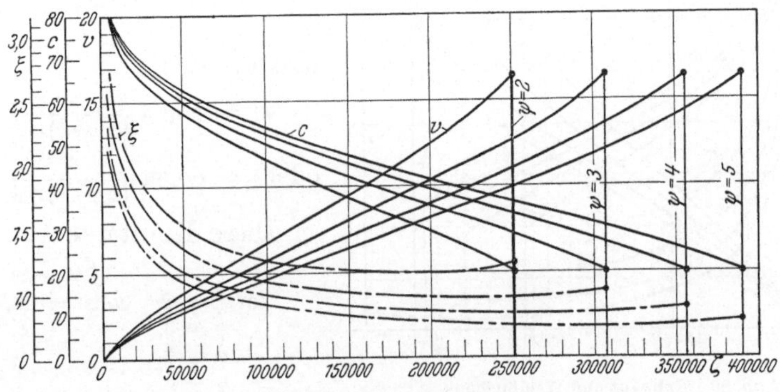

Abb. 83. Maschinenstahl.

und angenommenen Verhältniswert ψ für jeden Baustoff die Umfangsgeschwindig-

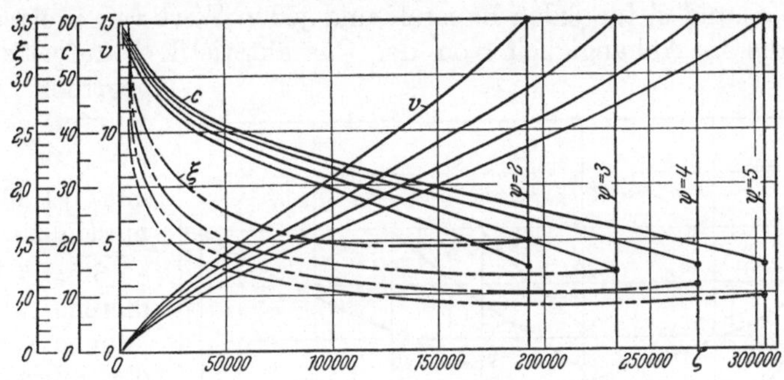

Abb 84 Stahlguß

keit v abgegriffen und ihre Zulassigkeit in bezug auf Geräusch beurteilt werden.

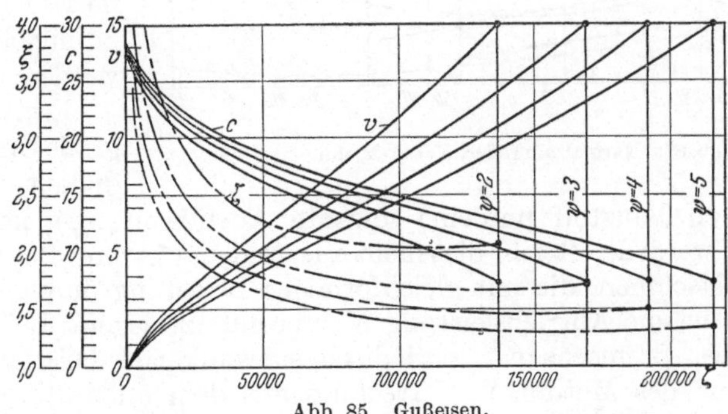

Abb 85 Gußeisen.

Es errechnet sich nun weiter der Zahndruck: $P = \dfrac{1000}{g}\dfrac{N_{kW}}{v} = c\,\psi\,t^2 = 75\dfrac{N_{PS}}{v}$

und die Teilung

$$t \,[\text{cm}] = \sqrt{\frac{P}{c \cdot \psi}} = \sqrt{\frac{1000}{g}\,\frac{N_{kW}}{c \cdot \psi \cdot v}} = \sqrt{\frac{75\,N_{PS}}{c \cdot \psi \cdot v}};$$

wird statt der Teilung der Modul m (mm) errechnet, so ist:

$$m \,[\text{mm}] = \frac{10}{\pi}\sqrt{\frac{1000}{g \cdot \psi}}\,\sqrt{\frac{1}{c \cdot v}}\,\sqrt{N_{kW}} = \frac{10}{\pi}\sqrt{\frac{75}{\psi}}\,\sqrt{\frac{1}{c \cdot v}}\,\sqrt{N_{PS}}.$$

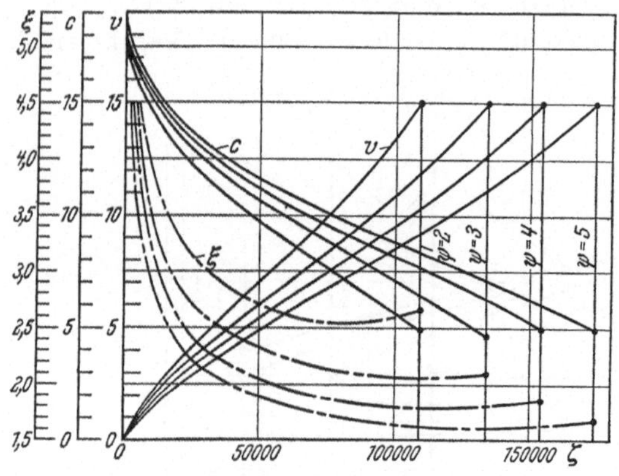

Abb. 86. Rohhaut und Weißbuche

Hierin ist:

$$\sqrt{\frac{1}{c \cdot v}} = \frac{1}{\sqrt{c}\,\dfrac{c_0 - c}{c'}} = \frac{c'}{(c_0 - c)\,c^{0,5}}$$

und es wird:

$$m = \text{const}\,\frac{c'}{(c_0 - c)\,c^{0,5}}\,\sqrt{N_{kW}}$$

$$\text{oder} = \text{const}\,\frac{c'}{(c_0 - c)\,c^{0,5}}\,\sqrt{N_{PS}}.$$

Diese Konstante beträgt:

	fur N_{kW}	fur N_{PS}
fur $\psi = 2$	const $= 22{,}73$	$= 19{,}49$
$\psi = 3$	$18{,}56$	$15{,}92$
$\psi = 4$	$16{,}07$	$13{,}78$
$\psi = 5$	$14{,}37$	$12{,}33$
$b = 10\,m\;(\psi = 3{,}18)$	$18{,}01$	$15{,}45$

Wird eingeführt $\xi = \text{const}\,\dfrac{c'}{(c_0 - c)\,c^{0,5}}$, so ist m (mm) $= \xi\,\sqrt{N_{kW}}$ bzw. $\xi\,\sqrt{N_{PS}}$.
ξ kann aus c_0 und c' fur jeden Baustoff und jeden Wert von ψ errechnet werden und ebenfalls in Abhangigkeit von der Charakteristik ζ aufgetragen und ab-gegriffen werden. Die Kurven gelten fur N in kW; für N in PS ist ζ mit $\sqrt{1,36} = 1{,}165$ zu multiplizieren, ξ durch $\sqrt{1,36} = 1{,}165$ zu dividieren. Diese Kurven können zur Berechnung der Stirnräder und des mittleren Moduls von Kegelrädern (am Durchmesser D_m in Abb. 57) unmittelbar benutzt werden.

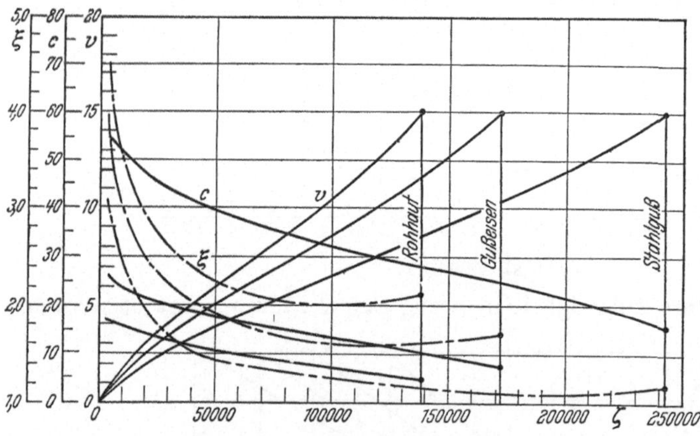

Abb. 87. Normalzahnrader, $b = 10 \cdot$ Modul.

Ergibt sich eine zu große Umfangsgeschwindigkeit v für den zunächst gewahlten Baustoff und eine gewahlte Ausführung (ψ), kann zunächst ψ größer gewählt werden. Reicht dies nicht aus, muß ein festerer Baustoff genommen werden. Bei Maschinen, die mit gleichförmiger Belastung durchlaufen (Pumpen, Kompressoren) ist die Antriebsleistung N zugrunde zu legen. Bei Maschinen, die infolge Anlaufes, Bremsens usf. periodisch schwankende Leistungen haben, ist die Nennleistung des Motors N_n, errechnet aus dem quadratischen Mittelwert, zugrunde zu legen. Bei Maschinen mit sehr stoßendem Betrieb (Scheren, Stanzen) erhält die rechnungsmäßige Höchstleistung einen Zuschlag von 30 bis 50%.

Die Rechnungen gelten für einen Überdeckungsgrad $\varepsilon = 1$; größere Überdeckungsgrade konnen berücksichtigt werden, indem $\dfrac{N}{\varepsilon}$ statt N eingesetzt wird. Das wird man aber, besonders bei Gußeisen, nur dann tun, wenn der Überdeckungsgrad ε zuverlassig > 2 ist, was im allgemeinen nur bei Pfeil- und Doppelpfeilzahnen der Fall sein wird.

XX. Teilung und Modul der Schnecken.

Wie bei den Stirnrädern ist die Axialkraft P zugrunde gelegt, die am Umfang des Schneckenrades das nutzbare Drehmoment $M_d = P \cdot R$ ergibt, so daß wie bei den Stirnrädern die Teilung $t = \sqrt[3]{\dfrac{2\pi}{c\psi Z} \cdot M_d}$ ist. Der Verhältniswert ψ ist aber nicht nur durch die Herstellung, sondern in ziemlich engen Grenzen durch den Winkel 2γ (Abb. 70) festgelegt, der mit Rucksicht auf die Ecken J (Abb. 71) nicht zu groß sein darf. Ein meist brauchbarer Wert fur den Winkel ist:

$\operatorname{tg}\gamma = \dfrac{2{,}2\sqrt{Z}}{\dfrac{d}{m}+4}$ *. Bei konkaven Zahnen ist die Breite: $b = \psi \cdot t$ am Zahngrund mit

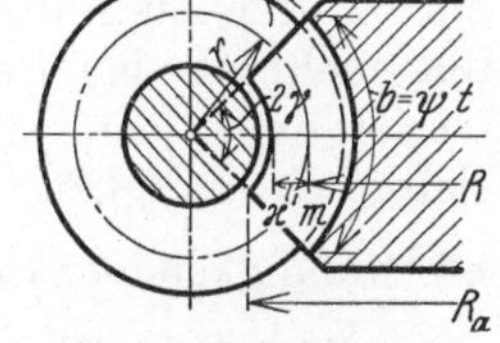

dem Radius $r + \varkappa'' \cdot m$ zu bemessen, da die Gleichung der Teilung auf der Biegungsformel beruht (Abb. 88). Es ist demnach die Zahnbreite:

$$b = \psi \cdot t = \frac{2\gamma}{360°}\, 2\pi\,(r + \varkappa'' \cdot m)$$

und der Verhaltniswert $\psi = \dfrac{\gamma}{180°}\left(\dfrac{d}{m} + 2\varkappa''\right).$

Abb. 88 Zahnbreite des Schneckenrades.

Als Mittelwerte konnen gelten: bei Schneckenrädern mit geraden Zähnen (Abb. 68) $\psi \approx 1{,}5$, mit konkaven Zähnen (Abb. 69) $\psi \approx 2{,}5$, bei geeigneter Ausführung (Abb. 72) oder aufgesetzten Schnecken mit sehr kleinem Wert von $\dfrac{m}{d}$ kann ψ bis ~ 3 steigen. Wird zuerst ψ angenommen, kann entsprechend der Winkel γ bestimmt werden, er soll aber die vorher angegebene Große nicht überschreiten. Meist ist nicht das am Rad abgegebene Drehmoment M_d, sondern das in die Schnecke eingeleitete Drehmoment M_{ds} gegeben. Im Gegensatz zu den Stirnrädern wird hierbei der Wirkungsgrad berücksichtigt, der besonders bei selbsthemmenden Schnecken unter Umstanden sehr niedrig ist (siehe Abb. 76 u. 77). Nach Abschnitt XVI ist das eingeleitete Drehmoment $M_{ds} = P_u \cdot r$. An der Schnecke ist die Teilung $t = \dfrac{2\pi r}{z_s} \cdot \operatorname{tg}\beta$, am Schneckenrad $t = \dfrac{2\pi R}{Z}$; hieraus ist der mittlere Schneckenradius: $r = R \cdot \dfrac{z_s}{Z}\,\dfrac{1}{\operatorname{tg}\beta}$ und das eingeleitete Drehmoment:

$$M_{dS} = P_u \cdot r = P \cdot R \cdot \frac{z_s}{Z} \cdot \frac{\operatorname{tg}(\beta + \varrho')}{\operatorname{tg}\beta} = M_d \cdot \frac{z_s}{Z} \cdot \frac{1}{\eta}\,.$$

Durch Einsetzen ist $\qquad t = \sqrt[3]{\dfrac{2\pi}{c \cdot \psi \cdot z_s} \cdot M_{dS} \cdot \eta}\,.$

Wenn Leistung N und Umlaufzahl n gegeben sind, wird

für N_{kW}: $\quad t[\mathrm{cm}] = 10\sqrt[3]{\dfrac{612}{c \cdot \psi \cdot z_s} \cdot \dfrac{N_{kW}}{n} \cdot \eta}\,;\quad m[\mathrm{mm}] = 100\sqrt[3]{\dfrac{19{,}7}{c \cdot \psi \cdot z_s} \cdot \dfrac{N_{kW}}{n} \cdot \eta}\,,$

für N_{PS}: $\quad t[\mathrm{cm}] = 10\sqrt[3]{\dfrac{450}{c \cdot \psi \cdot z_c} \cdot \dfrac{N_{PS}}{n} \cdot \eta}\,;\quad m[\mathrm{mm}] = 100\sqrt[3]{\dfrac{14{,}5}{c \cdot \psi \cdot z_s} \cdot \dfrac{N_{PS}}{n} \cdot \eta}\,.$

---

* Fur Modulteilung umgerechnet aus Stribeck: Versuche mit Schneckengetrieben. Zd.VDI 1897 S. 940 Gl. 1.

Eine etwas falsche Abschätzung des Wirkungsgrades bei der ersten Berechnung ist ohne Belang, da der Einfluß von η gering ist und außerdem meist auf normalen Modul abgerundet wird (Angaben für erste Annahme siehe S. 38).

Die zur Berechnung der Lager erforderliche Axialkraft P ergibt sich aus:

$$M_{ds}\,[\text{cmkg}] = 100 \cdot \frac{60}{2\,\pi} \cdot \frac{1000}{g} \cdot \frac{N_{kw}}{n} \ \text{mit}$$

$$P\,[\text{kg}] = \frac{M_d\,[\text{cmkg}]}{R\,[\text{cm}]} = \frac{M_{ds} \cdot \dfrac{Z}{z_s} \cdot \eta}{\dfrac{Z}{2} \cdot \dfrac{m}{10}} = 1000 \cdot \frac{60}{\pi} \cdot \frac{1000}{g} \cdot \frac{N_{kw}}{n} \cdot \frac{1}{z_s \cdot m} \cdot \eta$$

$$= 1{,}95 \cdot 10^6 \cdot \frac{N_{kw}}{n} \cdot \frac{1}{z_s \cdot m} \cdot \eta \ \ \text{bzw.} \ = 1{,}43 \cdot 10^6 \, \frac{N_{PS}}{n} \cdot \frac{1}{z_s \cdot m} \cdot \eta,$$

wobei m in mm.

Als Baustoffe kommen in Frage: bei kleinen Kraften und Geschwindigkeiten und seltener Benutzung Gußeisen für die Schnecke und das Schneckenrad, gegebenenfalls Schnecke aus Stahl; bei Dauerbetrieb, großen Kräften und Geschwindigkeiten nur Flußstahl für die Schnecke, Phosphorbronze oder geschmiedete Bronze (Sondermessing) von 60—70 kg/mm² Festigkeit fur das Rad; Stahlguß führt häufig zu Anfressungen. Fur die Wahl des Zahndruckkoeffizienten c ist, weit mehr als bei Stirnrädern, die Abnutzung und damit die voraussichtliche Betriebsdauer maßgebend. Die Abnutzung ist in erster Linie abhängig von der Gleitgeschwindigkeit v_g zwischen Schnecke und Rad. Es ist die mittlere Umfangsgeschwindigkeit der Schnecke (Abb. 73) $v_s = \dfrac{\pi\,d\,n}{60}$ und die Gleitgeschwindigkeit $v_g = \dfrac{v_s}{\cos\beta}$. Bei selbsthemmenden Schnecken ist β sehr klein, also $v_g \approx v_s$, aber selbst beim besten Wirkungsgrad und viergängigen Schnecken wird nur $v_g \approx 1{,}4\,v_s$. Dementsprechend wird der Zahndruckkoeffizient c sinkend mit v_s genommen.

Für Gußeisen ist ausreichend: für $v_s = 1$ bis 3 m/s $\ c = 30 \div 20$ kg/cm², für vergüteten Stahl auf Phosphor- oder geschmiedeter Bronze:

v_s m/s	1	2,5	4	5,5	7
c kg/cm²	$30 \div 40$	$25 \div 30$	$20 \div 24$	$15 \div 18$	$10 \div 12$

Je größer die Gangzahl z_s und die Benutzungsdauer, desto kleiner ist c zu wählen.

Die Schneckenwelle muß das eingeleitete Drehmoment M_{dS} ubertragen, ihre Durchbiegung darf nur sehr gering sein. Sie wird daher wie Triebwerkswellen mit einer zulässigen Verdrehungsbeanspruchung $\tau = 120$ kg/cm² berechnet.

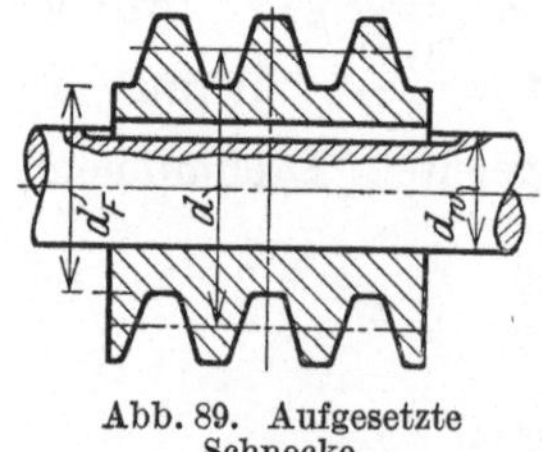

Abb. 89. Aufgesetzte Schnecke.

$$d_w = \sqrt[3]{\frac{16}{\pi} \cdot \frac{1}{k_d} \cdot M_{dS}} = 0{,}35 \sqrt[3]{M_{dS}}$$

oder

$$d_w = 16 \sqrt[3]{\frac{N_{kW}}{n}} = 14{,}4 \sqrt[3]{\frac{N_{PS}}{n}}.$$

Auf diesem Durchmesser können bei aus dem Vollen geschnittenen Schnecken die Gange aufsitzen, bei aufgesetzten Schnecken richtet sich der Fußdurchmesser d_F nach Herstellungsgründen, da die Verdrehungsbeanspruchung sehr gering ist. Gußeiserne Schnecken werden wohl immer aufgesetzt (Abb. 89).

XXI. Konstruktionsangaben der Stirnräder.

Unbearbeitete Zähne werden nur in Grauguß, Stahlguß und gelegentlich Rotguß ausgeführt; Zahnräder aus Flußstahl, Phosphorbronze, geschmiedeter Bronze bzw. Sondermessing, Nickel- und Chromnickelstahl erhalten immer bearbeitete

Zahne, die auch bei gießbaren Stoffen zur Schonung der Werkzeuge stets aus dem Vollen gearbeitet werden, da sonst die harte Gußhaut abgekratzt werden müßte. Nur sehr große Teilungen werden manchmal vorgegossen und fertig gefrast. Hoch beanspruchte Rader, besonders wenn sie rasch laufen mussen, werden im Einsatz gehartet: Räder für Straßenbahnen, fur Werkzeugmaschinen (bei $v > 2{,}5$ m/s), fur Automobile usw. Die Zahnformen verschleißen bei der großen Oberflachenharte wenig und bewahren ihre Form sehr gut.

Bei hohen Anforderungen an Lebensdauer und Genauigkeit werden die Rader aus legiertem Stahl eingesetzt und nach dem Harten geschliffen.

Um geräuschlosen Gang zu erzielen, können in einem Rad Kamme aus elastischem Stoff eingesetzt werden. Kamme aus Weißbuche werden besonders bei den Kegelradabtrieben der Wasserturbinen mit stehender

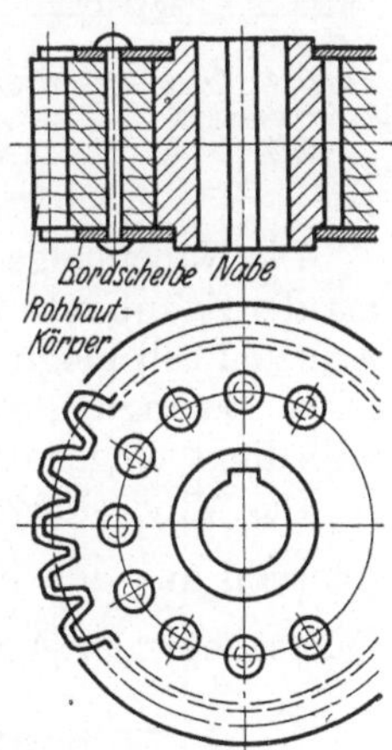

Abb. 90 Weißbuchenkamme.

Welle benutzt; hierbei erhalt das großere Rad die Holzkamme, da diese leicht zu ersetzen und das kleine Rad aus Gußeisen dann mehrere Satze von Holzkammen uberdauern kann. Die Zahne werden mit Eisensplinten oder mit Holzkeilen (Abb. 90) eingesetzt. Die Zahnezahl muß ein Vielfaches der Armzahl betragen. Die Zahne werden erst nach dem Einsetzen ausgesagt, mit Rucksicht auf die geringere Festigkeit des Holzes werden sie stärker als die Eisenzähne ausgefuhrt. Die Kranzstärke ist etwa gleich der Teilung t; Rohhaut — unter hohem Druck mit einem Bindemittel gepreßtes Schweinsleder, das wie Gußeisen bearbeitet wird — wird bei hohen Umgangsgeschwindigkeiten ($v \overline{=} 8$ m/s bis ~ 15 m/s) ebenfalls zur Vermeidung des Gerausches benutzt. Des Preises wegen erhalt hierbei stets das kleine Rad die Rohhautzahne; die Zahnstarke des Rohhautzahnes ist wegen der Bearbeitung mit Teilfrasern oder Abwalzfrasern gleich der Zahnstarke des Gußeisenrades. Die Rohhaut wird als Hohlzylinder auf die Radnabe aufgesetzt und erhalt Bordscheiben aus Stahl oder Bronze; zur Verhinderung des Absplitterns der Rohhaut erhalt die Bordscheibe eine trapezartige Verzahnung. Das ganze Rad wird durch Niete oder Schrauben verbunden

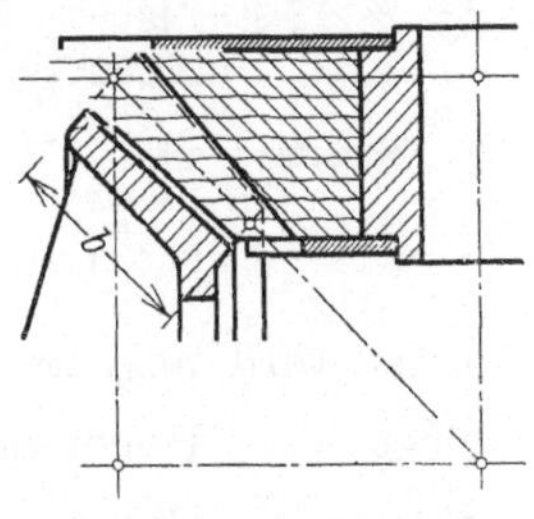

Abb 91 Rohhautritzel

(Abb. 91). Bei Kegelradern aus Rohhaut ist die Breite des Eisenrades maßgebend, so daß der Rohhautzylinder etwas breiter ausfallt (Abb. 92).

Gußeisen- und Stahlgußrader werden bei durchgehender Welle meist symmetrisch angeordnet; nur bei fliegender Anordnung oder unmittelbarer Verbindung einer Seiltrommel ist die Ausfuhrung unsymmetrisch (Abb. 93). Fliegende Anordnung ergibt starke Druckbiegung, die das Kämmen beeintrachtigt. Bei normalen Radern ist der Außendurchmesser des Rohlings gleich dem Kopfkreisdurchmesser $(Z + 2)\, m$ bei bearbeiteten bzw. $D + 0{,}6\, t$ bei unbearbeiteten oder Holzzahnen; der Fußkreisdurchmesser beträgt $(Z - 14/6)\, m$ bzw. $(Z - 2{,}4)\, m$ bzw. $D - 0{,}8\, t$. Bei

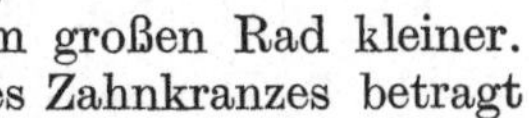

Abb. 92 Rohhaut-Kegelrad.

korrigierten Verzahnungen (Schneiden mit Profilabruckung) wird am kleinen Rad Kopfkreis und Fußkreis größer, am großen Rad kleiner. Die Zahnbreite ist bestimmt durch $b = \psi \cdot t$, die Stärke des Zahnkranzes betragt meist $\sim 0{,}5\,t$ bzw. $\sim 1{,}6\,m$; er wird bei kleiner Armzahl oder großem Durchmesser noch durch eine Tragrippe von gleicher Hohe verstärkt. Der Kranz wird beansprucht:

1. durch die Fliehkraft auf Biegung;
2. durch den Achsdruck $A = P\sqrt{1 + (\mathrm{tg}\,\alpha + \mu)^2}$ auf Biegung;
3. durch die Umfangskraft P auf Zug (siehe Abschnitt VIII, Abb. 40 u. 41).

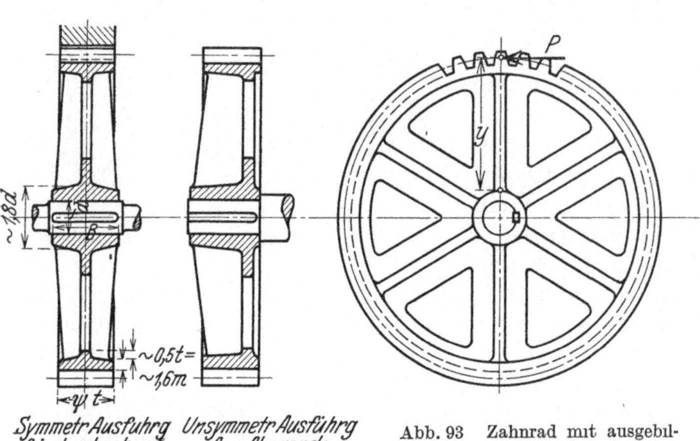

Die Beanspruchungen 1 und 3 sind sehr gering. Falls auf der Welle noch andere Maschinenteile sitzen, ist sie auf zusammengesetzte Festigkeit zu berechnen. Im allgemeinen genügt die Berechnung auf Verdrehung wie bei Triebwerkswellen mit einer Verdrehungsbeanspruchung von $\tau = 120\,\mathrm{kg/cm^2}$, also

$$d = 16\sqrt[3]{\frac{N_{k\overline{w}}}{n}}$$

$$= 14{,}4\sqrt[3]{\frac{N_{PS}}{n}}\,.$$

Abb. 93   Zahnrad mit ausgebildetem Armstern.

Die Nabenlange B ergibt sich aus der Konstruktion und ist meist etwas größer als die Zahnbreite b; um Kanten zu verhindern, ist $B \approx 1{,}2\,d$ erforderlich. Die Armzahl soll moglichst gut teilbar (4, 6, 8) und ein Bruchteil der Zahnezahl sein. Diese Bedingung muß bei geteilten Rädern und bei Rädern mit Holzkämmen unbedingt eingehalten werden.

Die Mindestarmzahl ist 4, bei größeren Rädern ergibt sich eine brauchbare Armzahl aus $a = \left(\frac{1}{7} \text{ bis } \frac{1}{8}\right)\sqrt{D}$, wobei D der Teilkreisdurchmesser in mm ist. Der Querschnitt der Arme (Abb. 94) ist bei kleinen Radern, hauptsachlich bei Werkzeugmaschinen, elliptisch oder rechteckig mit Abrundung, bei größeren Rädern kreuz- oder doppel-T-formig, bei unsymmetrischer Anordnung T- oder U-förmig. Die Arme werden nach dem Radkranz zu auf das etwa 0,8fache der linearen Abmessung an der Nabe verjüngt. Der Arm biegt sich so, daß er an der Nabe und am Kranz radial endet, an beiden Seiten also eingespannt ist. Eine genaue Berechnung seiner Beanspruchung ist nur unter Berücksichtigung der Naben- und Kranzabmessungen moglich.

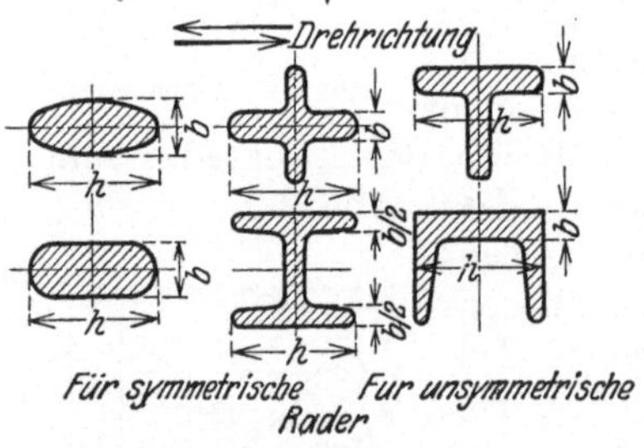

Abb. 94. Armformen.

Meist wird angenommen, daß $\frac{a}{4}$ Arme tragen, wobei $a \gtreqqless 4$. Der Zahndruck P biegt am Hebelarm y (Abstand Nabe bis Teilkreis, Abb. 93), so daß

$$P \cdot y = \frac{a}{4} \cdot W \cdot \sigma_b\,.$$

Fur elliptischen Querschnitt ist das Widerstandsmoment $W = \frac{\pi}{32} \cdot b\,h^2$, bei +-, I-, T-, U-formigem Querschnitt trägt die senkrecht zur Drehrichtung stehende

Rippe nicht viel mit; wird sie vernachlässigt, ist das Widerstandsmoment: $W = \dfrac{b\,h^2}{6}$

und: $P \cdot y = \dfrac{a}{4} \cdot \dfrac{b\,h^2}{6} \cdot \sigma_b$. Mit dem meist brauchbaren Mittelwert: $b = \dfrac{1}{5}\,h$ wird

$P \cdot y = \dfrac{a}{4} \cdot \dfrac{h^3}{30} \cdot \sigma_b$. Entsprechend dem Belastungsfall II ist

$$\text{fur Gußeisen } \sigma_b = 300\ \text{kg/cm}^2, \quad h \approx \sqrt[3]{\frac{P \cdot y}{2,5\,a}},$$

$$\text{fur Stahlguß } \sigma_b = 600\ \text{kg/cm}^2, \quad h \approx \sqrt[3]{\frac{P \cdot y}{5\,a}}.$$

Rader mit kleinerer Zahnezahl werden ohne Arme als Scheibenrader (Abb. 95), noch kleinere als Ritzel ausgefuhrt (Abb. 96). Zur Vermeidung zu starker Gußanhaufung erhalten größere Ritzel eingegossene Löcher (Abb. 95). Bis etwa

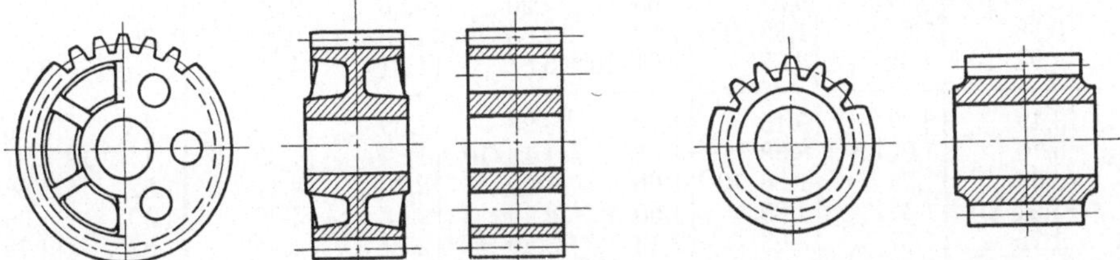

Abb 95 Scheibenrad und Ritzel mit eingegossenen Lochern   Abb. 96. Ritzel

2000 mm Durchmesser werden Zahnrader aus einem Stuck, daruber in zwei Teilen ausgefuhrt. Geteilt wird in den Armen, nicht zwischen den Armen; es ist erforderlich, weil bei der Abkühlung des Gusses die Gefahr des Abreißens der Arme von der Nabe besteht. Die Verbindungsschrauben müssen das Gewicht einer Halfte, ihre Fliehkraft und das zu ubertragende Moment M_d aushalten.

XXII. Gewichte und Trägheitsmomente der Stirnräder[1].

Die Gewichte und Tragheitsmomente können aus den einzelnen Abmessungen berechnet werden. Das Tragheitsmoment ist die Summe der Produkte aller Einzelmassen des Zahnrades und der Quadrate ihrer Abstande von der Drehachse. Eine wenigstens angenaherte Kenntnis der Gewichte ist notwendig fur Festigkeits- und Projektrechnungen, der Tragheitsmomente zur Berechnung des Anlauf- und des Bremsvorganges periodisch laufender Maschinen (Hebe-, Bergwerksforder-, Walzenzugmaschinen). Die Abmessungen können (entsprechend Abschnitt XXI) bezogen werden auf den Modul m und den Verhaltniswert ψ. Dementsprechend ist das Gewicht: $G\ [\text{kg}] = k \cdot \gamma \cdot m^3$, das Tragheitsmoment: $J\ [\text{kg cm s}^2] = K\ \gamma \cdot m^5$; hierin ist k und K aus der Tabelle zu entnehmen, m ist der Modul in mm, γ das spezifische Gewicht in kg/dm³, Z die Zahnezahl.

Die Tabelle gilt fur Rader mit Armstern, Scheibenrader und Ritzel; geteilte Räder, Rader mit eingesetzten Zahnen (Weißbuche, Rohhaut), Kegelräder und Schneckenrader ergeben ungefahr dieselben Gewichte und Tragheitsmomente.

Tabelle 19.
Spezifische Gewichte.

	$\gamma =$
Geschmiedeter Stahl ..	7,86
Stahlbronze	8,58
Stahlguß.............	7,86
Phosphorbronze.......	8,80
Rotguß	8,40
Gußeisen.............	7,25
Nickelstahl..........	8,0
Chromnickelstahl	8,2

---

[1] Ableitungen in: Die Tragheitsmomente von Zahnradern. Werkzeugmasch. 24. Jahrg. Heft 30/31 S. 465—468, S. 489—492. Tabelle ist umgerechnet in Modulteilung.

Das Tragheitsmoment in $kg \cdot m \cdot s^2$ ergibt sich aus: $\frac{1}{100} J \, [kg \cdot cm \cdot s^2]$. Das hauptsächlich in der Elektrotechnik benutzte Schwungmoment ist:

$$[G D^2] \, [kg \cdot m^2] = \frac{4g}{100} \cdot J \, [kg \, cm \cdot s^2] = 0{,}392 \, J \, [kg \cdot cm \cdot s^2].$$

Wird ein Tragheitsmoment von einer Welle „2" auf eine Welle „1" bezogen, ist es mit $\left(\frac{n_2}{n_1}\right)^2$ zu multiplizieren.

Tabelle 20. Konstanten für Gewicht und Tragheitsmoment.

Z	$\psi = 2$		$\psi = 3$		$\psi = 4$		$\psi = 5$		$b = 10\,m$	
	k	K	k	K	k	K	k	K	k	K
10	$4{,}65\cdot10^{-4}$	$7{,}55\cdot10^{-8}$	$5{,}36\cdot10^{-4}$	$1{,}04\cdot10^{-7}$	—	—	—	—	$5{,}24\cdot10^{-4}$	$1{,}07\cdot10^{-7}$
20	$1{,}49\cdot10^{-3}$	$8{,}83\cdot10^{-7}$	$2{,}33\cdot10^{-3}$	$1{,}35\cdot10^{-6}$	$3{,}50\cdot10^{-3}$	$1{,}97\cdot10^{-6}$	$4{,}27\cdot10^{-3}$	$2{,}69\cdot10^{-6}$	$2{,}50\cdot10^{-3}$	$1{,}46\cdot10^{-6}$
30	$2{,}61\cdot$ „	$3{,}58\cdot10^{-6}$	$3{,}97$	$5{,}31$	$5{,}55$	$7{,}20$	$7{,}56$	$9{,}53$	$4{,}22$	$5{,}65$
40	$3{,}75\cdot$ „	$9{,}38$	$5{,}64$	$1{,}39\cdot10^{-5}$	$7{,}77$	$1{,}85\cdot10^{-5}$	$1{,}03\cdot10^{-2}$	$2{,}25\cdot10^{-5}$	$6{,}00$	$1{,}47\cdot10^{-5}$
50	$4{,}87\cdot$ „	$1{,}94\cdot10^{-5}$	$7{,}32$	$2{,}87$	$1{,}01\cdot10^{-2}$	$3{,}81$	$1{,}31$	$4{,}79$	$7{,}78$	$3{,}04$
60	$5{,}98\cdot$ „	$3{,}49$	$8{,}97$	$5{,}15$	$1{,}23$	$6{,}93$	$1{,}59$	$8{,}53$	$9{,}55$	$5{,}46$
70	$7{,}10\cdot$ „	$5{,}70$	$1{,}07\cdot10^{-2}$	$8{,}39$	$1{,}45$	$1{,}12\cdot10^{-4}$	$1{,}87$	$1{,}39\cdot10^{-4}$	$1{,}14\cdot10^{-2}$	$8{,}91$
80	$8{,}21\cdot$ „	$8{,}69$	$1{,}24$	$1{,}28\cdot10^{-4}$	$1{,}68$	$1{,}70$	$2{,}15$	$2{,}11$	$1{,}32$	$1{,}36\cdot10^{-4}$
90	$9{,}34\cdot$ „	$1{,}21\cdot10^{-4}$	$1{,}41$	$1{,}85$	$1{,}90$	$2{,}46$	$2{,}43$	$3{,}06$	$1{,}49$	$1{,}96$
100	$1{,}05\cdot10^{-2}$	$1{,}75$	$1{,}57$	$2{,}58$	$2{,}13$	$3{,}40$	$2{,}71$	$4{,}24$	$1{,}58$	$2{,}72$
110	$1{,}16\cdot$ „	$2{,}36$	$1{,}74$	$3{,}47$	$2{,}35$	$4{,}59$	$2{,}98$	$5{,}71$	$1{,}85$	$3{,}67$
120	$1{,}27\cdot$ „	$3{,}08$	$1{,}91$	$4{,}54$	$2{,}57$	$6{,}00$	$3{,}26$	$7{,}45$	$2{,}03$	$4{,}89$
130	$1{,}38\cdot$ „	$3{,}95$	$2{,}08$	$5{,}81$	$2{,}80$	$7{,}68$	$3{,}54$	$9{,}53$	$2{,}21$	$6{,}14$
140	$1{,}49\cdot$ „	$4{,}97$	$2{,}25$	$7{,}31$	$3{,}02$	$9{,}68$	$3{,}82$	$1{,}20\cdot10^{-3}$	$2{,}39$	$7{,}73$
150	$1{,}61\cdot$ „	$6{,}15$	$2{,}42$	$9{,}05$	$3{,}24$	$1{,}19\cdot10^{-3}$	$4{,}10$	$1{,}49$	$2{,}47$	$9{,}56$
160	$1{,}73\cdot$ „	$7{,}51$	$2{,}58$	$1{,}10\cdot10^{-3}$	$3{,}46$	$1{,}46$	$4{,}38$	$1{,}81$	$2{,}75$	$1{,}16\cdot10^{-3}$
170	$1{,}83\cdot$ „	$9{,}06$	$2{,}75$	$1{,}33$	$3{,}70$	$1{,}76$	$4{,}66$	$2{,}19$	$2{,}93$	$1{,}42$
180	$1{,}95\cdot$ „	$1{,}08\cdot10^{-3}$	$2{,}92$	$1{,}59$	$3{,}91$	$2{,}09$	$4{,}94$	$2{,}60$	$3{,}11$	$1{,}64$
190	$2{,}05\cdot$ „	$1{,}27$	$3{,}09$	$1{,}87$	$4{,}14$	$2{,}28$	$5{,}22$	$3{,}06$	$3{,}29$	$1{,}98$
200	$2{,}16\cdot$ „	$1{,}49$	$3{,}26$	$2{,}19$	$4{,}36$	$2{,}89$	$5{,}50$	$3{,}58$	$3{,}47$	$2{,}31$

XXIII. Konstruktion der Schneckengetriebe.

Das Schneckenrad wird nur bei kleinen Ausfuhrungen aus dem Vollen hergestellt. Bei großeren Ausfuhrungen besteht nur der Kranz aus Bronze oder dergleichen, die Nabe und die Arme aus Gußeisen. Der Kranz wird aufgeschrumpft oder kalt aufgedruckt und durch Paßbolzen oder Schraubenstifte gesichert (Abb. 97); er kann auch einfach angeschraubt werden (Abb. 98). Bei Gußbronze wird er wohl, um an Bearbeitungskosten zu sparen, aufgegossen. Die Nabe erhält einen Anlauf zur Aufnahme der Kraft P_u; nur bei sehr großem P_u wird der Anlauf durch ein Kugeldrucklager ersetzt. Entsprechend der Ausfuhrung ergibt sich der Außenradius des Schneckenrades und damit der größte Durchmesser des Rohlings. Bei Ausfuhrung nach Abb. 69 und 88 kommt zum Kopfkreisradius $R + \varkappa' \cdot m$ des Mittelschnittes die Bogenhohe am Radius $r - \varkappa' \cdot m$ und dem Zentriwinkel 2γ mit $2(r - \varkappa' \cdot m)\sin^2\frac{\gamma}{2}$ hinzu, so daß der Außenradius

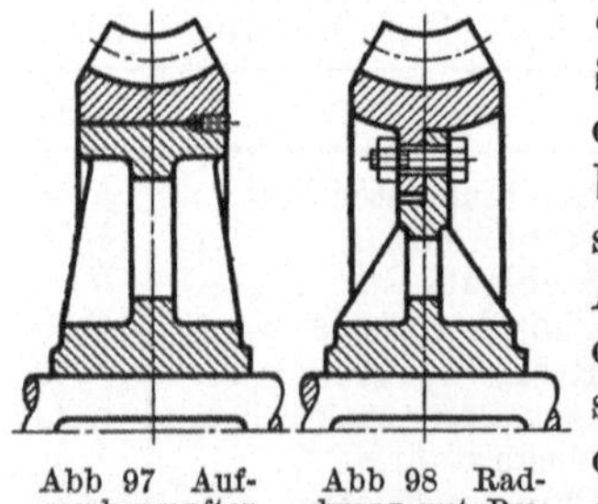

Abb 97 Aufgeschrumpfter Radkranz   Abb 98 Radkranz mit Reibungsschluß.

$$R_a = R + \varkappa' \cdot m + 2(r - \varkappa' \cdot m)\sin^2\frac{\gamma}{2} = \left[\frac{Z}{2} + \varkappa'\left(1 - 2\sin^2\frac{\gamma}{2}\right)\right]m + 2r\sin^2\frac{\gamma}{2}$$

wird. Bei Ausführung mit zylindrischer Begrenzung (Abb. 72) unter Fortfall der Ecken I kommt zum Fußkreisradius $R - \varkappa'' \cdot m$ die Bogenhöhe am Radius $r + \varkappa'' \cdot m$ hinzu, Außenradius:

$$R_a = R - \varkappa'' \cdot m + 2\,(r + \varkappa'' \cdot m)\sin^2\frac{\gamma}{2} = \left[\frac{Z}{2} + \varkappa''\left(2\sin^2\frac{\gamma}{2} - 1\right)\right]m + 2\,r\sin^2\frac{\gamma}{2}.$$

Im Gegensatz zu Stirnrädern sind die Schnecken sehr empfindlich gegen Aufstellungsfehler, besonders im Abstand Schneckenachse zu Schneckenradachse. Sie werden deshalb in feste Gehäuse eingebaut, um die Lager festzulegen. Um die Durchbiegung zu verringern, werden die Halslager der Schneckenwelle möglichst nahe an die Schnecke herangerückt. Es werden hierfür meist Gleitlager (Ringschmierlager mit ungeteilter Buchse) verwendet, da Kugellager größere Außendurchmesser und damit größere Entfernung von der Mittenlinie erfordern. Die Drucklager sind meist Kugellager für

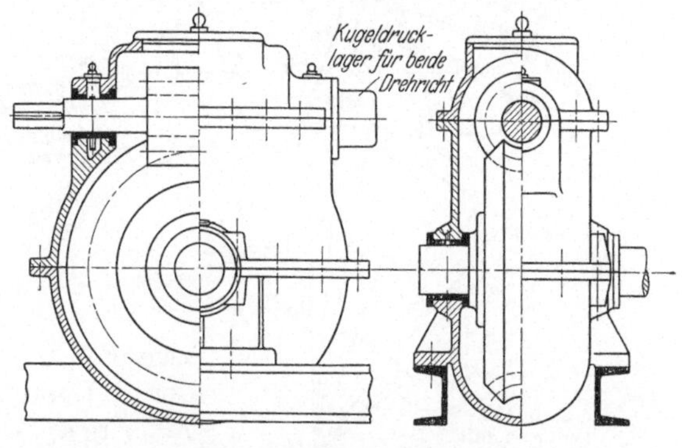

Abb 99   Stehendes Schneckengehäuse mit waagerechter Radachse und obenliegender Schnecke.

beide Drehrichtungen, die auf einer Seite vereinigt werden. Das Gehäuse bietet die Möglichkeit, eine große, wegen der Abnutzung durch die Gleitgeschwindigkeit notwendige Schmierölmenge unterzubringen.

Bei stehender Anordnung und waagerechter Radachse ergibt obenliegende Schnecke (Abb. 99) leichtere Montage; sie erfordert zwei waagerechte Teilfugen. Die Anordnung mit untenliegender

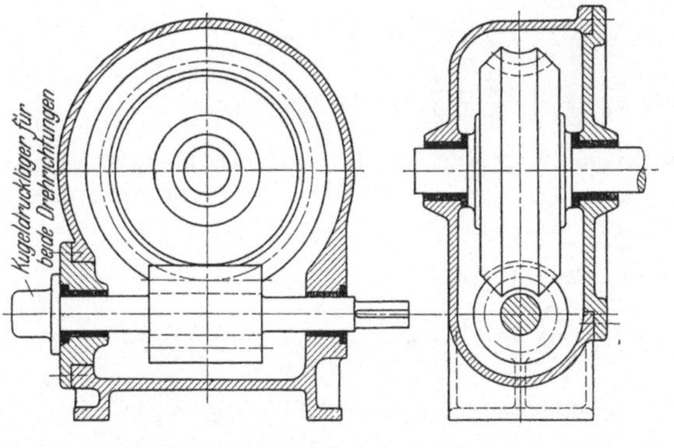

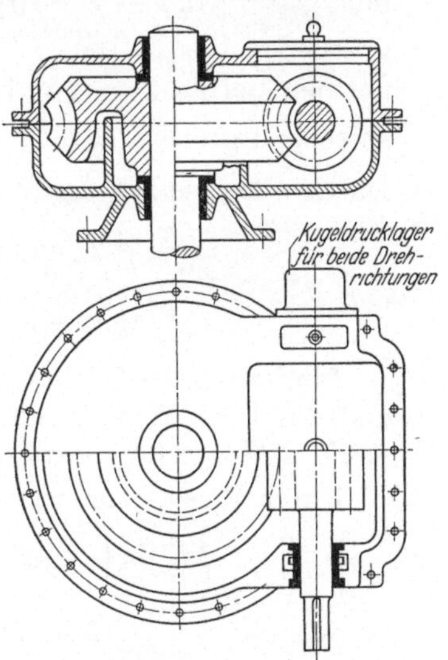

Abb 100   Stehendes Schneckengehäuse mit waagerechter Radachse und untenliegender Schnecke.

Abb 101   Liegendes Schneckengehäuse mit stehender Radachse.

Schnecke (Abb. 100) ergibt die bessere Schmierung. Das Schneckenrad kann durch einen Gehäusedeckel herausgenommen werden. Eins der beiden Gleitlager der Schneckenwelle muß mit einer besonderen Buchse eingesetzt werden, so daß Lager und Schnecke seitlich herausziehbar sind. Ein Gehäuse mit senkrechter Radachse, bei dem Schnecke und Schneckenrad liegend sind, ist in Abb. 101 wiedergegeben. Um das Abfließen des Schmieröls durch das untere Schneckenradlager zu verhindern, erhält das Gehäuse einen in das Schneckenrad eingreifenden Rand.

4*

XXIV. Sonderverzahnung mit Profilabrückung.

Das Profil des Abwälzfrasers oder des Stoßkammes ist festgelegt durch die Teilung $t_0 = \pi \cdot m$, die Fraserstärke an der Teilgeraden $t_{0/2} = \dfrac{\pi}{2} \cdot m$, den Eingriffwinkel α_0 (= 15° oder 20°) und die diesem Winkel entsprechende Abrundung

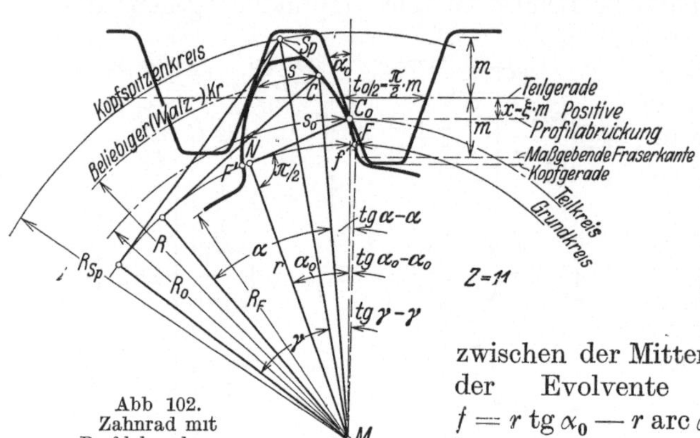

Abb 102.
Zahnrad mit
Profilabruckung.

des Fraserkopfes (Abschnitt VII, Abb. 28). Der Zentralpunkt C_0 ist verschoben um den Betrag $x = \xi \cdot m$ (Abb. 102); ξ ist positiv bei positiver Abrückung (Abb. 43), negativ bei negativer Abruckung (Abb. 44). Im Dreieck $C_0 N M$ ist $C_0 N = r\,\mathrm{tg}\,\alpha_0$. Nach dem Erzeugungsgesetz der Evolvente ist $\overline{C_0 N} = \widehat{NF}$. Die Bogenstrecke f zwischen der Mittenlinie MC_0 und dem Endpunkt F der Evolvente auf dem Grundkreis ist: $f = r\,\mathrm{tg}\,\alpha_0 - r\,\mathrm{arc}\,\alpha_0 = r\,(\mathrm{tg}\,\alpha_0 - \alpha_0)$. Der Zahnkopf kann bis zur Kopfspitze Sp verlangert werden; das Bogenmaß fur die Kopfspitze betragt

$(\mathrm{tg}\,\gamma - \gamma)$. Von der halben Zahnstarke im Teilkreis $s_{0/2}$ wird das Bogenmaß $(\mathrm{tg}\,\gamma - \gamma) - (\mathrm{tg}\,\alpha_0 - \alpha_0)$ umfaßt. Im Teilkreis ergibt sich die halbe Zahnstärke mit $s_{0/2} = [(\mathrm{tg}\,\gamma - \gamma) - (\mathrm{tg}\,\alpha_0 - \alpha_0)]\,R_0$ und, mit $R_0 = \dfrac{Z}{2} \cdot m$, die Zahnstarke $s_0 = [(\mathrm{tg}\,\gamma - \gamma) - (\mathrm{tg}\,\alpha_0 - \alpha_0)]\,Z \cdot m$. Im Teilkreis ist die Starke des Frasers um den Betrag $2x \cdot \mathrm{tg}\,\alpha_0$ kleiner als an der Teilgeraden, die Zahnstarke ist entsprechend großer: $s_0 = \dfrac{t_0}{2} + 2x\,\mathrm{tg}\,\alpha_0 = \left(\dfrac{\pi}{2} + 2\xi\,\mathrm{tg}\,\alpha_0\right) m$.

Durch Gleichsetzen ergibt sich:

$$\left(\frac{\pi}{2} + 2\xi\,\mathrm{tg}\,\alpha_0\right) m = [(\mathrm{tg}\,\gamma - \gamma) - (\mathrm{tg}\,\alpha_0 - \alpha_0)] \cdot Z \cdot m$$

und

$$\mathrm{tg}\,\gamma - \gamma = 2\,\mathrm{tg}\,\alpha_0\,\frac{\xi}{Z} + \frac{\pi}{2} \cdot \frac{1}{Z} + (\mathrm{tg}\,\alpha_0 - \alpha_0).$$

Die Fußstarke FF' am Grundkreis ist großer als die Zahnstarke s_0 am Teilkreis und durch die Winkelfunktion $(\mathrm{tg}\,\gamma - \gamma)$ bestimmt; damit ergibt sich die Fußstärke $FF' = 2\,(\mathrm{tg}\,\gamma - \gamma) \cdot r = (\mathrm{tg}\,\gamma - \gamma) \cdot Z \cdot m \cos\alpha_0$.

Unter Einsetzung der Winkelfunktion wird:

$$FF' = \left[2\,\mathrm{tg}\,\alpha_0 \cdot \frac{\xi}{Z} + \frac{\pi}{2} \cdot \frac{1}{Z} + (\mathrm{tg}\,\alpha_0 - \alpha_0)\right] Z \cdot m \cdot \cos\alpha_0$$

$$= \left[2\sin\alpha_0 \cdot \xi + \frac{\pi}{2}\cos\alpha_0 + (\mathrm{tg}\,\alpha_0 - \alpha_0)\cos\alpha_0 \cdot Z\right] m.$$

Die entsprechenden Werte können der Tabelle entnommen werden.

Unterschnitt tritt nicht ein, wenn durch die Profilabrückung der Fräserkopf so verkleinert wird, daß seine Kopfhöhe $x' \cdot m$ (vgl. Abb. 33) bei Abrundung der Fraserkopfspitze durch $(1 - \xi)\,m$; ohne Abrundung und bei einer Fußhöhe von $\dfrac{7}{6}\,m$ durch $\left(\dfrac{7}{6} - \xi\right) m$

Tabelle 21. Winkelfunktionen.

α_0	$2\sin\alpha_0$	$\dfrac{\pi}{2}\cos\alpha_0$	$(\mathrm{tg}\,\alpha_0 - \alpha_0)\cos\alpha_0$
15°	0,518	1,515	0,00594
20°	0,684	1,475	0,0140
25°	0,845	1,425	0,0272
30°	1,0	1,360	0,0466

ersetzt wird. Hiermit ist die kleinste unterschnittfreie Zahnezahl:

$$Z_{min} = \frac{2(1-\xi)}{\sin^2 \alpha_0} \quad \text{bzw.} \quad \frac{2(1{,}167 - \xi)}{\sin^2 \alpha_0}.$$

Für $\xi = 0$ fällt sie mit der II. Grenzzähnezahl zusammen (Abschnitt VII). Zahne-zahlen über der II. Grenz-zähnezahl benötigen keine po-sitive Profilabrückung für Unterschnittfreiheit. Sie geben aber die Möglichkeit nega-tiver Profilabrückung (entspr. Abb. 44) und damit die der V_0-Verzahnung. Abb. 103 gibt die Mindestzahnezahlen für normale Abwalzfräser und Stoßkamme mit und ohne Kopfabrundung abh. von ξ wieder. Eine positive Ver-größerung von ξ ist stets auch bei negativer Abrückung mog-

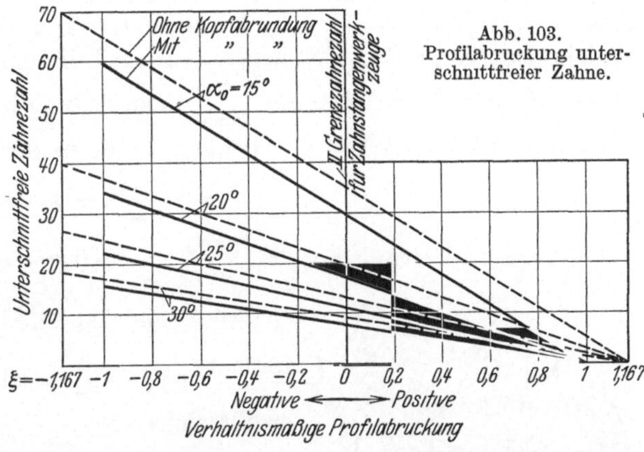

Abb. 103.
Profilabrückung unter-schnittfreier Zahne.

lich, da alle oberhalb der jeweiligen Grenzlinie liegenden Verzahnungen unter schnittfrei sind.

An einem beliebigen Punkt C (Abb. 102) mit dem Radius R und dem Winkel α, bei der Paarung zweier Rader als Walzkreis und Eingriffswinkel benutzt, ist die halbe Zahnstarke $\frac{s}{2} = [(\operatorname{tg}\gamma - \gamma) - (\operatorname{tg}\alpha - \alpha)] \cdot R$; der Walzkreisradius beträgt:

$$R = \frac{r}{\cos\alpha} = R_0 \frac{\cos\alpha_0}{\cos\alpha} = \frac{Z}{2} \cdot m \frac{\cos\alpha_0}{\cos\alpha}. \quad \text{Hiermit ist die ganze Zahnstarke:}$$

$$s = [(\operatorname{tg}\gamma - \gamma) - (\operatorname{tg}\alpha - \alpha)] \frac{\cos\alpha_0}{\cos\alpha} \cdot Z \cdot m.$$

Unter Einsetzen der Winkelfunktion ist:

$$s = \left\{ 2\sin\alpha_0 \cdot \xi + \frac{\pi}{2} \cdot \cos\alpha_0 - [(\operatorname{tg}\alpha - \alpha) - (\operatorname{tg}\alpha_0 - \alpha_0)] \cos\alpha_0 \cdot Z \right\} \frac{m}{\cos\alpha}.$$

Die Winkelfunktion $\operatorname{tg}\gamma - \gamma$ ergibt, in Gradmaß umgerechnet, den ganzen vom Zahn am Grundkreis umfaßten Winkel mit $2 \cdot \frac{360°}{2\pi} \cdot (\operatorname{tg}\gamma - \gamma) = 114{,}7 \,(\operatorname{tg}\gamma - \gamma)°$. Aus dem zur Winkelfunktion gehörenden Winkel γ ist der Kopfspitzenkreis zu errechnen mit dem Radius:

$$R_{sp} = R_0 \frac{\cos\alpha_0}{\cos\gamma}.$$

Der Winkel γ kann aus Abb. 104 entnommen werden, in der — der größeren Deutlichkeit hal-ber — als Ordinate $\lg(\operatorname{tg}\gamma - \gamma)$ benutzt ist. Der Zahnfuß wird innerhalb des Teilkreises um den Betrag $x = \xi \cdot m$ kleiner bei positiver, größer bei negativer Abrückung. Demnach beträgt bei normaler Fußtiefe des Frasers, $^7/_6 m$, der Fußkreis-radius $R_F = \left(\frac{Z}{2} - \frac{7}{6} + \xi\right) m$. Der Kopfkreis-

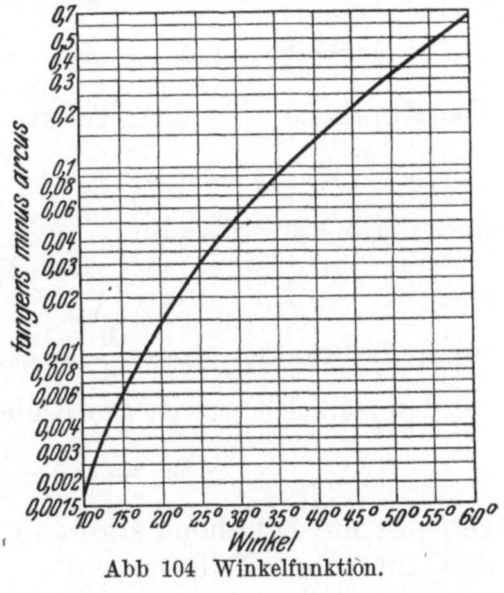

Abb 104 Winkelfunktion.

radius R_k, und damit der Außendurchmesser des Rohlings, ergibt sich erst aus dem bei der Paarung erforderlichen radialen Spiel, und ist auch von der Profilabrückung des Gegenrades abhängig. Zwei Zahnräder mit verschiedenen Zahnezahlen Z_1 und Z_2, den Profilabrückungen ξ_1 und ξ_2, aber gleichem Modul m in den Teilkreisen (Abb. 105) können bis zum spielfreien Gang zusammengeschoben werden, die gemeinsame Tangente an die Grundkreise mit den Radien r_1 und r_2 wird zur Eingrifflinie und ergibt den Eingriffwinkel α und die Walzkreise mit den Radien R_1 und R_2. Die Winkelfunktionen $\operatorname{tg}\gamma_1 - \gamma_1$ und $\operatorname{tg}\gamma_2 - \gamma_2$ sind fur beide Rader verschieden. Die Teilung t in den Walzkreisen vergrößert sich gegenuber der Teilung t_0 in den Teilkreisen im Verhaltnis der Radien $\dfrac{R_1}{R_{01}}$ auf $t = m\pi \dfrac{\cos\alpha_0}{\cos\alpha}$. Die Teilung in den Walzkreisen entspricht der Summe der Zahnstärken der beiden Rader in den Walzkreisen:

$$t = m\pi \frac{\cos\alpha_0}{\cos\alpha} = s_1 + s_2$$

$$= [(\operatorname{tg}\gamma_1 - \gamma_1) - (\operatorname{tg}\alpha - \alpha)]Z_1 \frac{\cos\alpha_0}{\cos\alpha} \cdot m + [(\operatorname{tg}\gamma_2 - \gamma_2) - (\operatorname{tg}\alpha - \alpha)]Z_2 \frac{\cos\alpha_0}{\cos\alpha} \cdot m.$$

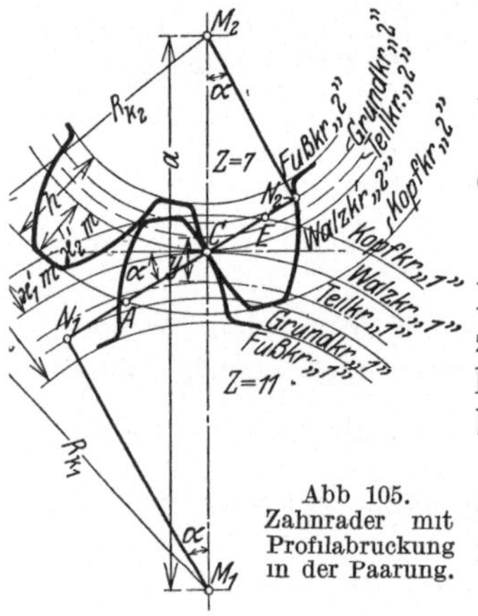

Mit $\operatorname{tg}\gamma_1 - \gamma_1 = 2\operatorname{tg}\alpha_0 \dfrac{\xi_1}{Z_1} + \dfrac{\pi}{2}\dfrac{1}{Z_1} + (\operatorname{tg}\alpha_0 - \alpha_0)$

und $\operatorname{tg}\gamma_2 - \gamma_2 = 2\operatorname{tg}\alpha_0 \dfrac{\xi_2}{Z_2} + \dfrac{\pi}{2}\dfrac{1}{Z_2} + (\operatorname{tg}\alpha_0 - \alpha_0)$

ergibt sich:

$$(\operatorname{tg}\alpha - \alpha) = 2\operatorname{tg}\alpha_0 \frac{\xi_1 + \xi_2}{Z_1 + Z_2} + (\operatorname{tg}\alpha_0 - \alpha_0).$$

Hiernach ist der Eingriffwinkel α in den Walzkreisen zu bestimmen. Die erforderlichen Werte enthält die Tabelle 22.

Aus Abb. 104 kann dann der zugehörige Winkel α entnommen werden.

Bei spielfreiem Eingriff ist der Achsenabstand gleich der

Abb 105.
Zahnrader mit Profilabrückung in der Paarung.

Tabelle 22.
Winkelfunktionen.

α_0	$2\operatorname{tg}\alpha_0$	$\operatorname{tg}\alpha_0 - \alpha_0$
15°	0,536	0,00615
20°	0,728	0,0149
25°	0,933	0,0300
30°	1,055	0,0538

Summe der Walzkreisradien $a = R_1 + R_2$; bezogen auf die Grundkreisradien ist:

$$a = (R_{01} + R_{02}) \frac{\cos\alpha_0}{\cos\alpha} = \frac{Z_1 + Z_2}{2} \cdot \frac{\cos\alpha_0}{\cos\alpha} \cdot m$$

und der Abstand der beiden Teilkreise (Profilverschiebung)

$$y = a - (R_{01} + R_{02}) = a - \frac{Z_1 + Z_2}{2} \cdot m = \frac{Z_1 + Z_2}{2}\left(\frac{\cos\alpha_0}{\cos\alpha} - 1\right)m.$$

Die Kopfhöhe uber dem Teilkreis am Rade „1" betragt:

$$y + m - x_2 = \left[\frac{Z_1 + Z_2}{2}\left(\frac{\cos\alpha_0}{\cos\alpha} - 1\right) + 1 - \xi_2\right] \cdot m$$

ünd der Kopfkreisradius:

$$R_{k1} = \left(\frac{Z_1 + Z_2}{2}\frac{\cos\alpha_0}{\cos\alpha} - \frac{Z_2}{2} + 1 - \xi_2\right)m,$$

wenn das radiale Spiel $\dfrac{1}{6}m$ bei normaler Fußtiefe $\dfrac{7}{6}m$ des Fräsers erhalten werden soll. Ebenso ist am Rade „2" der Kopfkreisradius:

$$R_{k2} = \left(\frac{Z_1 + Z_2}{2}\frac{\cos\alpha_0}{\cos\alpha} - \frac{Z_1}{2} + 1 - \xi_1\right)m.$$

Die gesamte Zahnhöhe ergibt sich aus der Addition der Kopf- und Fußhohe uber und unter dem Teilkreis mit:

$$h = \left[\frac{Z_1 + Z_2}{2}\left(\frac{\cos\alpha_0}{\cos\alpha} - 1\right) + \frac{13}{6} - (\xi_1 + \xi_2)\right]m.$$

Die Eingriffstrecke AE ist gegeben durch den Schnitt der beiden Kopfkreise mit der Eingrifflinie. Zur Errechnung des Überdeckungsgrades ε nach Abschnitt VIII sind die Kopfhohen uber den Walzkreisen erforderlich. Am Rade „1" ist:

$$R_{k1} - R_1 = \left(\frac{Z_1 + Z_2}{2}\frac{\cos\alpha_0}{\cos\alpha} - \frac{Z_2}{2} + 1 - \xi_2 - \frac{Z_1}{2}\frac{\cos\alpha_0}{\cos\alpha}\right)m$$

$$= \left[\frac{Z_2}{2}\left(\frac{\cos\alpha_0}{\cos\alpha} - 1\right) + 1 - \xi_2\right]m = \varkappa_1' \cdot m;$$

am Rad „2" entsprechend: $\left[\dfrac{Z_1}{2}\left(\dfrac{\cos\alpha_0}{\cos\alpha} - 1\right) + 1 - \xi_1\right]m = \varkappa_2' \cdot m$.

Die Zahnhöhen fallen im allgemeinen kleiner aus als bei der Herstellung ohne Profilabruckung. Nur wenn zwei Rader gepaart werden, von denen das eine mit positiver, das andere mit gleichgroßer negativer Profilabruckung hergestellt ist, bleibt die Zahnhohe erhalten. Es andert sich aber die Verteilung auf die Zahnkopfe und Zahnfüße außerhalb und innerhalb der Teilkreise und der Walzkreise ($V_0 = $ Verzahnung).

Die Wahl der Profilabruckung ξ kann von verschiedenen Bedingungen abhängig gemacht werden. Unterschnittfreiheit erfordert mindeste Abruckung nach Abb.103. Eine zweite Bedingung, die stets eingehalten werden muß, ist ein Überdeckungsgrad $\varepsilon \gtreqqless 1$.

Zwei spielfreie Zahnrader konnen auf einen größeren Achsabstand $a + \varDelta a$ auseinandergeschoben werden. Es entstehen hierbei zwei neue Wälzkreise und ein neuer Eingriffwinkel α_n, der größer als bei spielfreiem Gang ist und sich aus

$$\cos\alpha_n = \frac{Z_1 + Z_2}{2} \cdot \frac{\cos\alpha_0}{a + \varDelta a} \cdot m \text{ errechnet.}$$

Da die treibenden Zahnflanken in Beruhrung bleiben, ist das Flankenspiel der sich nicht beruhrenden Zahnflanken: $\varDelta f = 2\,\varDelta a \cdot \sin\alpha_n$, das Umfangsspiel $\varDelta u = 2\,\varDelta a \cdot \mathrm{tg}\,\alpha_n$ (Abb. 106).

Der Abstand vom Kopfkreis des einen und dem Fußkreis des anderen Rades vergroßert sich; unter

Aufrechterhaltung des radialen Kopfspieles $\left(\dfrac{1}{6}\,m\right)$ konnen die Kopfkreise etwas vergroßert werden, die Köpfe werden hierbei spitzer, die außerste Möglichkeit ist durch den Kopfspitzenkreis gegeben. Der Überdeckungsgrad verkleinert sich durch die Vergroßerung des Eingriffwinkels, vergroßert sich aber etwas wieder durch die neuen Kopfhohen.

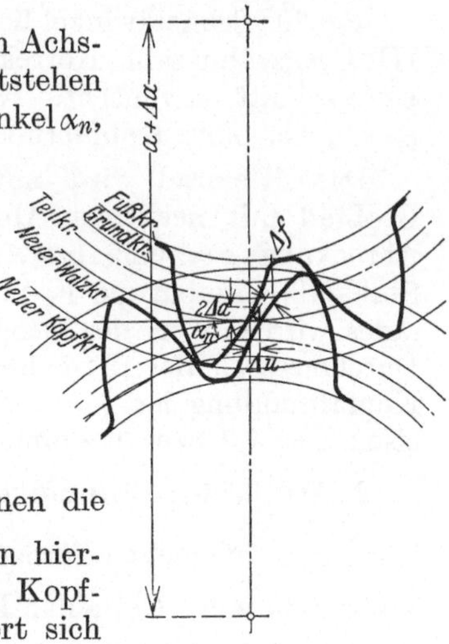

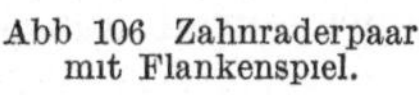

Abb 106 Zahnraderpaar mit Flankenspiel.

Sämtliche Ableitungen gelten auch fur die Sonderverzahnung der Rader mit Schraubenzahnen, der Kegelrader und der Schraubenrader, an Stelle der Zahnezahl Z tritt dann die ideelle Zahnezahl Z_i.

XXV. Berechnungsbeispiele.

1. Abtrieb eines Asynchron-Drehstrommotors von 16 kW und 940 Uml. (entspr. 1000 Uml. synchron) auf 47 Uml., Normalzahnrader mit $b = 10 \cdot$ Modul.

Übersetzung: $i = \dfrac{47}{940} = \dfrac{1}{20} = \dfrac{1}{4} \times \dfrac{1}{5}$.

Umlaufzahlen: 940, 235, 47 Uml./min.

1. Vorgelege: Gewahlt $Z_1 = 20$; $Z_2 = 80$; Charakteristik $\zeta = 940 \cdot 20\sqrt{16} = 75\,200$; entsprechend ist nach Abb. 87 fur Gußeisen auf Gußeisen: $v = 6{,}9$ m/s; $\xi = 1{,}8$, damit

$m = 1,8 \cdot 4 = 7,2$ mm, abgerundet auf 7,0; $b = 70$ mm.

$D_1 = 20 \cdot 7 = 140$ mm, $D_2 = 80 \cdot 7 = 560$ mm; nachgerechnet

$$v = \frac{\pi \cdot 940}{60} \cdot 0,14 = 6,88 \text{ m/s};$$

für Rohhaut auf Gußeisen: $v = 8,4$ m/s; $\xi = 2,1$, damit

$m = 2,1 \cdot 4 = 8,4$, abgerundet auf 9 mm, $b = 90$ mm.

$D_1 = 180$; $D_2 = 720$ mm, nachgerechnet: $v = \dfrac{\pi \cdot 940}{60} \cdot 0,18 = 8,8$ m/s.

Bei 20° Schneidwinkel liegt die Zähnezahl des Kleinrades oberhalb der II. Grenzzähnezahl, Korrektur ist nicht erforderlich; bei 15° Schneidwinkel liegt sie unterhalb, Korrektur nach Abb. 103.

2. Vorgelege: Geschätzt $\eta = 0,95$; $N = 15,2$ kW; gewählt $Z_1 = 16$; $Z_2 = 80$; Charakteristik $\zeta = 235 \cdot 16 \sqrt{15,2} = 14650$; fur Gußeisen auf Gußeisen: $v = 2,1$ m/s; $\xi = 2,7$; $m = 2,7\sqrt{15,2} = 10,6$, abgerundet auf 10 mm. $b = 100$ mm, $D_1 = 160$ mm, $D_2 = 800$ mm; für Stahlguß auf Stahlguß: $v = 1,55$ m/s; $\xi = 2,05$; $m = 2,05\sqrt{15,2} = 7,9$, abgerundet auf 8 mm, $b = 80$ mm, $D_1 = 128$ mm, $D_2 = 640$ mm.

Bei 20° Schneidwinkel liegt die Zahnezahl des Kleinrades zwischen der II. und III. Grenzzähnezahl, Korrektur ist nicht erforderlich, aber zur Vermeidung von Unterschnitt erwünscht. Nach Abb. 103 ist bei Fräsern mit Kopfabrundung $\xi = 0,065$, ohne Kopfabrundung $\xi = 0,23$.

Das Kleinrad wird mit positiver Profilabrückung (entspr. Abb. 43), das Großrad mit negativer Abrückung (entspr. Abb. 44) geschnitten; bei gleicher Abrückung $x = 0,65$ bzw. 2,3 mm bei Gußeisen, $x = 0,52$ bzw. 1,85 mm bei Stahlguß, entsteht die V_0-Verzahnung, der Rohling-Außendurchmesser des Kleinrades wird großer, des Großrades kleiner, entspr. ändern sich auch die anderen Durchmesser. Bei 15° Schneidwinkel muß die Profilabrückung großer sein. Mit Kopfabrundung ist $\xi = 0,47$, ohne Kopfabrundung $\xi = 0,64$; entspr. bei Gußeisen $x = 4,7$ bzw. 6,4 mm, bei Stahlguß $x = 3,76$ bzw. 5,12 mm.

2. Die beiden Stirnradvorgelege werden durch eine Schnecke ersetzt, Selbsthemmung ist nicht erforderlich. Schneckenwelle $d_w = 16\sqrt[3]{\dfrac{16}{940}} = 4,14$ cm, ausgeführt 45 mm. Gewählt: Flußstahlschnecke aus dem Vollen, Gangzahl $z_s = 2$; Schneckenrad aus Phosphorbronze, Zahnezahl $Z = 2 \cdot \dfrac{940}{47} = 40$. Entsprechend geschätzt: $\dfrac{m}{d} = 0,15$; $\eta = 0,84$; $\eta_s = 0,80$, $\psi = 2,5$, mittlerer Schneckendurchmesser 90 mm, Umfangsgeschwindigkeit der Schnecke: $v_s = \dfrac{\pi \cdot 0,09 \cdot 940}{60} = 4,45$ m/s, entsprechend gewählt $c = 20$.

$$\text{Modul: } m = 100\sqrt[3]{\frac{19,7}{20 \cdot 2,5 \cdot 2} \cdot \frac{16}{940} \cdot 0,84} = 100\sqrt[3]{0,00282} = 14,15,$$

abgerundet auf 14 mm. Dann ist: $\dfrac{m}{d} = \dfrac{14}{90} = 0,156$, $\eta_s = 0,81$ (nach Abb. 76).

Kopfhohe $\varkappa' \cdot m = 14$ mm, Fußhöhe $\varkappa'' \cdot m = \dfrac{7}{6} m = 16,4$; innerer Schneckendurchmesser $d_f = 90 - 2 \cdot 16,4 = 57,2$ mm. Der brauchbare Winkel ergibt sich aus:

$$\operatorname{tg}\gamma = \frac{2,2\sqrt{40}}{\dfrac{90}{14} + 4} = \frac{2,2 \cdot 6,325}{6,43 + 4} = 1,335 \text{ mit } 53° \, 10'.$$

Aus dem Verhältniswert $\psi = 2,5$ ergibt sich:

$$2,5 = \frac{\gamma}{180°}\left(\frac{90}{14} + 2 \cdot \frac{7}{6}\right); \quad \gamma = 180° \cdot \frac{2,5}{6,43 + 2,33} = 51,4°.$$

Der Teilkreis-Durchmesser des Schneckenrades beträgt: $40 \cdot 14 = 560$ mm, der Achsabstand $280 + 45 = 325$ mm. Der Außendurchmesser des Schneckenrades betragt bei Ausfuhrung nach Abb. 69 und 88:

$$R_a = [20 + 1(1 - 2 \cdot \sin^2 25,7°)] \cdot 14 + 90 \cdot \sin^2 25,7°$$

$$= [20 + (1 - 0,374)] \cdot 14 + 90 \cdot 0,187 = 306 \text{ mm}.$$

Schneckenlange: $L = (0,15 \cdot 40 + 7)\ 14$ bis $(0,15 \cdot 40 + 8) \cdot 14 = 13,5 \cdot 14$ bis $14 \cdot 14 = 190$ bis 196 mm. An der Schneckenwelle abgegebene Leistung: $16 \cdot 0,84 = 13,5$ kW. Durchmesser der Schneckenradwelle: $d_w = 16\sqrt[3]{\frac{13,5}{47}}$ $= 16\sqrt[3]{0,287} = 105$ mm, zur Aufnahme des Keils auf 120 mm verstarkt.

Axialkraft: $P = 1,95 \cdot 10^6 \cdot \frac{16}{940} \cdot \frac{1}{2 \cdot 14} \cdot 0,84 = 995$ kg.

Annahmen: $\alpha = 20°$; $\sin\alpha = 0,342$; $\cos\alpha = 0,940$; $\mu = 0,05$.

Es ist: $\operatorname{tg}\beta = z_s\left(\frac{m}{d}\right) = 2 \cdot \frac{14}{90} = 0,311$; $\beta = 17°15'$; $\sin\beta = 0,296$, $\cos\beta = 0,955$, damit wird: die Normalkraft: $\mathfrak{N} = \frac{995}{0,94 \cdot 0,955 - 0,05 \cdot 0,296} = \frac{995}{0,88} = 1130$ kg, die Umfangskraft: $P_u = 1130(0,94 \cdot 0,296 + 0,05 \cdot 0,955) = 1130 \cdot 0,326 = 368$ kg, die Radialkraft: $P_r = 1130 \cdot 0,342 = 387$ kg.

Annahme der Lagerentfernung e_1 am Halslager der Schnecke: 32 cm. Damit (vgl. Abb. 74) ist: $Q_1 = Q_1' = 995 \cdot \frac{45}{320} = 139$ kg, der resultierende Lagerdruck $\sqrt{54,5^2 + 184^2} = 192$ kg oder $\sqrt{332,5^2 + 184^2} = 380$ kg; die zugehorigen Winkel ergeben sich aus $\operatorname{tg}\delta_1 = \frac{54,5}{184} = 0,296$ mit $\delta_1 = 16°30'$ oder $\operatorname{tg}\delta_1' = \frac{332,5}{184} = 1,807$ mit $61°$.

Annahme e_2 an den Halslagern des Schneckenrades 18 cm, damit $Q_2 = Q_2'$ $= 368 \cdot \frac{28}{18} = 572$ kg, resultierender Lagerdruck $\sqrt{756^2 + 497,5^2} = 905$ kg oder $\sqrt{388^2 + 497,5^2} = 631$ kg. Zugehorige Winkel:

$$\operatorname{tg}\delta_2 = \frac{756}{497,5} = 1,52; \quad \delta_2 = 56°40'; \quad \operatorname{tg}\delta_2' = \frac{388}{497,5} = 0,78; \quad \delta_2' = 38°,$$

wie in Abb. 75 liegt ein Lager oben an. Die erforderliche Lange der Lagerschale ergibt sich aus der zulassigen Beanspruchung in kg/cm² und der größeren Resultierenden, mit $k = 20$ kg/cm² am Halslager der Schnecke $l = \frac{380}{20 \cdot 4,5} = 4,25$ cm; am Halslager der Schneckenradwelle $l = \frac{905}{20 \cdot 10,5} = 4,3$ cm.

3. 450 kW sind von 320 auf 40 Uml./min zu ubertragen. Ausfuhrung als Pfeilrader $(\psi = 4)$; Antrieb: Drehstromkollektormotor mit übersynchroner Umlaufzahl.

Übersetzung: $i = \frac{40}{320} = \frac{1}{8}$. Gewahlt $Z_1 = 20$; $Z_2 = 160$.

Gußeisen ergibt $\zeta = 320 \cdot 20\sqrt{450} = 136\,000$ und entsprechend Abb. 85 $v = 10,6$ m/s. Die Umfangsgeschwindigkeit wird kleiner bei Stahlguß; da $\varepsilon > 2$

wird, kann angenommen werden, daß stets zwei Zähne tragen, damit:

$$\zeta = 320 \cdot 20 \sqrt{\frac{450}{2}} = 96\,000, \text{ entsprechend Abb. 84 ist } v = 5,8 \text{ m/s}; \ \xi = 1,13$$

und der Modul der Stirnverzahnung $m = 1,13 \cdot \sqrt{\frac{450}{2}} = 17$ mm.

Modul der Normalteilung $m_n = 15$ gewählt, ergibt: $\sin \beta = \frac{15}{17} = 0,883; \ \beta = 62°;$

ideelle Zahnezahlen: $Z_1 = \frac{20}{0,6885} = 29; \ Z_2 = \frac{160}{0,6885} = 232$.

Teilkreisdurchmesser: $D_1 = 17 \cdot 20 = 340$ mm, $D_2 = 17 \cdot 160 = 2720$ mm.

Krummungsradien der Ellipsen: $R_{n1} = \frac{170}{0,7797} = 218$ mm, $R_{n2} = \frac{1360}{0,7797} = 1745$ mm.

Kopfhöhe 15 mm, Außendurchmesser der Rohlinge $340 + 2 \cdot 15 = 370$ mm, $2720 + 2 \cdot 15 = 2750$ mm.

Die Verzahnung entspricht zwei Stirnradern mit Schraubenzahnen (Abschnitt X) mit halber Zahnbreite oder $\psi = 2$.

Eingeschlossener Winkel $\gamma = 360° \cdot \frac{\psi}{Z} \cdot \operatorname{ctg} \beta; \ \operatorname{ctg} \beta = \sqrt{\left(\frac{15}{17}\right)^2 - 1} = 0,534;$

$\gamma = \left(\frac{384}{Z}\right)° = 19,2°$ bzw. $2,4°$ Eingriffwinkel der Stirnverzahnung bei $\alpha_n = 20°$:
$\operatorname{ctg} \alpha = \operatorname{ctg} \alpha_n \cdot \sin \beta = 2,747 \cdot 0,883 = 2,43; \ \alpha = 22°20'$. Überdeckungsgrad der Stirnverzahnung zu rechnen mit: $\alpha = 22°20'; \varkappa' = \frac{15}{17} = 0,883$ (nach Abschn. VIII).

$$\varepsilon_1 = \sqrt{\frac{0,4125^2}{4\pi^2} \cdot 20^2 + \frac{1}{\pi^2 \cdot 0,925^2} (0,883 \cdot 20 + 0,883^2)} - \frac{0,4125}{2\pi} \cdot 20$$

$$= \sqrt{4,31 \cdot 10^{-3} \cdot 400 + 1,185 \cdot 10^{-1} (17,66 + 0,779)} - 6,57 \cdot 10^{-2} \cdot 20$$

$$= \sqrt{1,724 + 2,185} - 1,314 = 0,66,$$

ebenso

$$\varepsilon_2 = \sqrt{4,31 \cdot 10^{-3} \cdot 160^2 + 1,185 \cdot 10^{-1} (0,883 \cdot 160 + 0,779)} - 6,57 \cdot 10^{-2} \cdot 160$$

$$= \sqrt{110,5 + 16,9} - 10,5 = 0,8$$

$$\varepsilon_{ST} = \varepsilon_1 + \varepsilon_2 = 1,46.$$

Vergroßerter Überdeckungsgrad: $\varepsilon = \varepsilon_{ST} + \psi \cdot \operatorname{ctg} \beta = 1,46 + 2 \cdot 0,534 = 2,528$.

Voraussichtliche Gewichte und Trägheitsmomente (nach Abschnitt XXII): $m = 17$ mm, $m^3 = 4913$, $m^5 = 1,42 \cdot 10^6; \ \gamma = 7,86$.

Ritzel: $Z = 20; \quad k = 3,5 \cdot 10^{-3}; \quad G = 7,86 \cdot 3,5 \cdot 10^{-3} \cdot 4913 = 135$ kg, $K = 1,97 \cdot 10^{-6}; \quad J = 7,86 \cdot 1,97 \cdot 10^{-6} \cdot 1,42 \cdot 10^6 = 22$ kg $\cdot$ cm $\cdot$ s^2.

Großrad: $Z = 160; \quad k = 3,46 \cdot 10^{-2}; \quad G = 7,86 \cdot 3,46 \cdot 10^{-2} \cdot 4913 = 1340$ kg. $K = 1,46 \cdot 10^{-3}; \quad J = 7,86 \cdot 1,46 \cdot 10^{-3} \cdot 1,42 \cdot 10^6 = 16\,300$ kg $\cdot$ cm $\cdot$ s^2.

Tragheitsmoment des Ritzels bezogen auf Achse des Großrades: $22 \cdot 8^2 = 1408$ kg $\cdot$ cm $\cdot$ s^2; Gesamttragheitsmoment bezogen auf Großrad: $17\,708$ kg $\cdot$ cm $\cdot$ s^2 $= 177,08$ kg $\cdot$ m $\cdot$ s^2. Schwungmoment $[GD^2] = 0,392 \cdot 17\,708 = 6940$ kg $\cdot$ m^2.

4. Profilabrückung und Abmessungen fur ein Getriebe $Z_1 = 11; \ Z_2 = 7;$ $\alpha_0 = 20°$, $m = 10$ mm (wiedergegeben in Abb. 105, Herstellung in Abb. 102). Teilkreisradien: $R_{01} = \frac{11}{2} \cdot 10 = 55$ mm, $R_{02} = \frac{7}{2} \cdot 10 = 35$ mm.

Übersetzung: $i = \frac{7}{11} = 0,636$, nach Abb. 38 ist die III. Grenzzahnezahl 13,6; beide Zahnezahlen sind kleiner, Herstellung erforderlich mit positiver Profilabruckung. $Z_1 + Z_2 = 18 > 17,3$ (IV. Grenzzahnezahl), daher mit abnormen Hohen noch moglich.

Abruckung mit Kopfabrundung des Frasers (nach Abb. 103) $\xi_1 = 0{,}375$, $\xi_2 = 0{,}6$, entspr. $x_1 = + 3{,}75$ mm, $x_2 = + 6$ mm.

Zahnstarken am Grundkreis FF' (Werte aus Tabelle 21 für $\alpha_0 = 20°$):

am Rad „1": $(0{,}684 \cdot 0{,}375 + 1{,}475 + 0{,}014 \cdot 11) \cdot 10 = 19{,}8$ mm,

am Rad „2": $(0{,}684 \cdot 0{,}6 + 1{,}475 + 0{,}014 \cdot 7) \cdot 10 = 20$ mm.

Zahnstarken am Teilkreis: $\operatorname{tg} \alpha_0 = 0{,}364$:

$$s_{01} = (1{,}5708 + 2 \cdot 0{,}375 \cdot 0{,}364) \cdot 10 = 18{,}5 \text{ mm},$$
$$s_{02} = (1{,}5708 + 2 \cdot 0{,}6 \cdot 0{,}364) \cdot 10 = 20 \text{ mm}.$$

Zahnwinkel: $\operatorname{tg} \alpha_0 - \alpha_0 = 0{,}0149$ (nach Tabelle 22 oder Abb. 104),

$$\operatorname{tg} \gamma_1 - \gamma_1 = 2 \cdot 0{,}364 \cdot \frac{0{,}375}{11} + \frac{1{,}5708}{11} + 0{,}0149 = 0{,}1823; \quad \gamma_1 = 43°,$$

$$\operatorname{tg} \gamma_2 - \gamma_2 = 2 \cdot 0{,}364 \cdot \frac{0{,}6}{7} + \frac{1{,}5708}{7} + 0{,}0149 = 0{,}3013; \quad \gamma_2 = 49°20'.$$

Vom Zahn umfaßter Winkel: $114{,}7 \cdot 0{,}1823 = 20{,}9° = 20°54'$ bzw. $114{,}7 \cdot 0{,}3013 = 34{,}6° = 34°36'$.

Eingriffwinkel bei spielfreier Paarung:

$$\operatorname{tg} \alpha - \alpha = 2 \cdot 0{,}364 \frac{0{,}375 + 0{,}6}{11 + 7} + 0{,}0149 = 0{,}0544 ,$$

$$\alpha = 30°; \quad \cos \alpha = 0{,}866; \quad \frac{\cos \alpha_0}{\cos \alpha} = \frac{0{,}94}{0{,}866} = 1{,}085 .$$

Achsabstand: $\qquad a = \dfrac{11 + 7}{2} \cdot 1{,}085 \cdot 10 = 97{,}65 \text{ mm} .$

Teilkreisabstand: $\qquad y = \dfrac{11 + 7}{2} (1{,}085 - 1) \cdot 10 = 7{,}65 \text{ mm} .$

Walzkreisradien: $R_1 = 55 \cdot 1{,}085 = 59{,}675$ mm, $R_2 = 35 \cdot 1{,}085 = 37{,}975$ mm.

Zahnstarken in den Walzkreisen:

$$s_1 = [0{,}684 \cdot 0{,}375 + 1{,}475 - (0{,}0544 - 0{,}0149) \cdot 11 \cdot 0{,}94] \cdot \frac{10}{0{,}866} = 15{,}25 \text{ mm} ,$$

$$s_2 = [0{,}684 \cdot 0{,}6 + 1{,}475 - (0{,}0544 - 0{,}0149) \cdot 7 \cdot 0{,}94] \cdot \frac{10}{0{,}866} = 18{,}85 \text{ mm} .$$

Kopfpitzenkreise: $R_{sp1} = 55 \cdot \dfrac{0{,}94}{0{,}731} = 70{,}7$ mm, $\qquad R_{sp2} = 35 \cdot \dfrac{0{,}94}{0{,}652} = 50{,}5$ mm

rel. Kopfhohen uber den Walzkreisen:

$$\varkappa_1' = \frac{7}{2} \cdot 0{,}085 + 1 - 0{,}6 = 0{,}698; \quad \varkappa_2' = \frac{11}{2} \cdot 0{,}085 + 1 - 0{,}375 = 1{,}093 .$$

Kopfkreisradien: $R_{k1} = 59{,}675 + 0{,}698 \cdot 10 = 66{,}65$ mm

$$R_{k2} = 37{,}975 + 1{,}093 \cdot 10 = 48{,}9 \text{ mm}.$$

Gesamthohe der Zahne beider Rader:

$$h = [9 \cdot 0{,}085 + 2{,}167 - (0{,}375 + 0{,}6)] \cdot 10 = 19{,}57 \text{ mm}.$$

Überdeckungsgrad (nach Abschn. VIII, Konstanten nach Tabelle 12 entspr. $\alpha = 30°$):

$$\varepsilon_1 = \sqrt{8{,}33 \cdot 10^{-3} \cdot 11^2 + 1{,}357 \cdot 10^{-1} (0{,}698 \cdot 11 + 0{,}698^2)} - 9{,}18 \cdot 10^{-2} \cdot 11$$

$$= \sqrt{1{,}009 + 1{,}109} - 1{,}01 = 0{,}47 ,$$

$$\varepsilon_2 = \sqrt{8{,}33 \cdot 10^{-3} \cdot 7^2 + 1{,}357 \cdot 10^{-1} (1{,}093 \cdot 7 + 1{,}093^2)} - 9{,}18 \cdot 10^{-2} \cdot 7$$

$$= \sqrt{0{,}408 + 1{,}201} - 0{,}644 = 0{,}622; \quad \varepsilon = \varepsilon_1 + \varepsilon_2 = 1{,}092 .$$

5. Vergrößerung des Achsabstandes auf 99 mm; $\Delta a = 99 - 97{,}65 = 1{,}35$ mm.

Neuer Eingriffwinkel: $\cos \alpha_n = 9 \cdot \dfrac{0{,}94}{99} \cdot 10 = 0{,}855$; $\alpha_n = 31°20'$,

$$\sin \alpha_n = 0{,}520; \quad \operatorname{tg} \alpha_n = 0{,}609, \quad \frac{\cos \alpha_0}{\cos \alpha_n} = \frac{0{,}94}{0{,}855} = 1{,}1 \,.$$

Flankenspiel: $\Delta f = 2 \cdot 1{,}35 \cdot 0{,}520 = 1{,}405$ mm.

Umfangsspiel: $\Delta u = 2 \cdot 1{,}35 \cdot 0{,}609 = 1{,}65$ mm.

Neue Wälzkreisradien: $R_1 = 55 \cdot 1{,}1 = 60{,}5$; $R_2 = 35 \cdot 1{,}1 = 38{,}5$.

Neue relative Kopfhöhen über den Wälzkreisen:

$$\varkappa_1' = \frac{7}{2} \cdot 0{,}1 + 1 - 0{,}6 = 0{,}75; \quad \varkappa_2' = \frac{11}{2} \cdot 0{,}1 + 1 - 0{,}375 = 1{,}175\,.$$

Kopfkreisradien: $R_{k1} = 60 + 0{,}75 \cdot 10 = 68$; $R_{k2} = 38{,}5 + 1{,}175 \cdot 10 = 50{,}25$;
Zähne sehr spitz, da Kopfspitzenkreis R_{sp2} fast erreicht.

Gesamthöhe der Zähne: $h = [9 \cdot 0{,}1 + 2{,}167 - (0{,}375 + 6)] \cdot 10 = 20{,}92$ mm.

Überdeckungsgrad: $\quad k_1 = \dfrac{0{,}609^2}{4 \cdot \pi^2} = 9{,}35 \cdot 10^{-3}$; $\quad k_2 = \dfrac{1}{\pi^2 \cdot 0{,}855^2} = 1{,}382 \cdot 10^{-1}$;

$$k_3 = \frac{0{,}609}{2\,\pi} = 9{,}68 \cdot 10^{-2}\,.$$

$$\varepsilon_1 = \sqrt{9{,}35 \cdot 10^{-3} \cdot 11^2 + 1{,}382 \cdot 10^{-1}\,(0{,}75 \cdot 11 + 0{,}75^2)} - 9{,}68 \cdot 10^{-2} \cdot 11$$

$$= \sqrt{1{,}13 + 1{,}22} - 1{,}065 = 0{,}46,$$

$$\varepsilon_2 = \sqrt{9{,}35 \cdot 10^{-3} \cdot 7^2 + 1{,}382 \cdot 10^{-1}\,(1{,}175 \cdot 7 + 1{,}175^2)} - 9{,}68 \cdot 10^{-2} \cdot 7$$

$$= \sqrt{0{,}32 + 1{,}38} - 0{,}678 = 0{,}626; \quad \varepsilon = \varepsilon_1 + \varepsilon_2 = 1{,}086\,.$$

6. 9 PS sind von 400 auf 200 Umläufe zu übertragen. Die Wellen schneiden sich unter $60°$ (Kegelräder). Es ist: $i = 0{,}5$; $\gamma = 60$, damit:

$$\text{am treibenden Rad:} \quad \operatorname{tg} \beta_1 = \frac{0{,}866}{\dfrac{1}{0{,}5} + 0{,}5} = 0{,}346; \quad \beta_1 = 19°10';$$

$$\text{am getriebenen Rad:} \quad \operatorname{tg} \beta_2 = \frac{0{,}866}{0{,}5 + 0{,}5} = 0{,}866; \quad \beta_2 = 40°50'$$

und $\sin \beta_1 = 0{,}327$; $\cos \beta_1 = 0{,}945$; $\sin \beta_2 = 0{,}654$; $\cos \beta_2 = 0{,}757$.

Gewählt: Gußeisen $\psi = 3$; $Z_1 = 16$; $Z_2 = 32$. Da in Abb. 85 die Charakteristik für N kW angegeben ist, ist aufzusuchen $\zeta = \dfrac{400 \cdot 16}{1{,}165} \sqrt{9} = 16470$, es wird

$v = 2{,}3$ m/s und $\xi = 2{,}7$; entsprechend ist der mittlere Modul $m_m = \dfrac{2{,}7}{1{,}165}\sqrt{9} = 6{,}92$, der mittlere Durchmesser $D_{m1} = 111$ mm, die mittlere Teilung $21{,}7$ mm und die Breite $65{,}2$ mm. Der äußere Grundkegel hat den Durchmesser $D_1 = 111 + 65{,}2 \cdot 0{,}327 = 132{,}3$ mm, der äußere Modul ist entsprechend $8{,}26$ mm, abgerundet auf den Normalmodul 8 mm, Breite aufgerundet auf 70 mm. Damit sind die Teilkreise endgültig: $D_1 = 16 \cdot 8 = 128$; $D_1' = 128 - 2 \cdot 70 \cdot 0{,}327 = 82{,}3$; $D_2 = 32 \cdot 8 = 256$; $D_2' = 256 - 2 \cdot 70 \cdot 0{,}654 = 164{,}6$.

Für Herstellung im Teilverfahren ist: $Z_{i1} = \dfrac{16}{0{,}945} = 17$; $Z_{i2} = \dfrac{32}{0{,}757} = 42{,}3$.

Für Herstellung im Walzverfahren ist der Radius des Plankegelrades $SC = \dfrac{64}{0{,}327}$
$= 196$ mm. Bei $\alpha = 15°$ ist die II. Grenzzahnezahl $29{,}8 \cdot 0{,}945 = 28{,}2$, die III. Grenzzahnezahl $24{,}4 \cdot 0{,}945 = 23{,}1$ am kleinen Rad, Korrektur ist erforderlich. Bei $\alpha = 20°$ sind die Grenzzahnezahlen $16{,}2$ bzw. $13{,}4$; Korrektur ist nicht notwendig.

Buchdruckerei Otto Regel G m. b H . Leipzig

WERKSTATTBÜCHER
FÜR BETRIEBSBEAMTE, VOR- UND FACHARBEITER
HERAUSGEGEBEN VON DR.-ING. EUGEN SIMON, BERLIN

Bisher sind erschienen (Fortsetzung):

Heft 35: Der Vorrichtungsbau.
II: Bearbeitungsbeispiele mit Reihen planmäßig konstruierter Vorrichtungen. Typische Einzelvorrichtungen.
Von Fritz Grünhagen.

Heft 36: Das Einrichten von Halbautomaten.
Von J. van Himbergen, A. Bleckmann, A. Waßmuth.

Heft 37: Modell- und Modellplattenherstellung für die Maschinenformerei.
Von Fr. und Fe. Brobeck.

Heft 38: Das Vorzeichnen im Kessel- und Apparatebau.
Von Ing. Arno Dorl.

Heft 39: Die Herstellung roher Schrauben.
I. Anstauchen der Köpfe.
Von Ing. Jos. Berger.

Heft 40: Das Sägen der Metalle.
Von Dipl.-Ing. H. Hollaender.

Heft 41: Das Pressen der Metalle (Nichteisenmetalle).
Von Dr.-Ing. A. Peter.

Heft 42: Der Vorrichtungsbau.
III: Wirtschaftliche Herstellung und Ausnutzung der Vorrichtungen.
Von Fritz Grünhagen.

Heft 43: Das Lichtbogenschweißen.
Von Dipl.-Ing. Ernst Klosse.

Heft 44: Stanztechnik. I: Schnitttechnik.
Von Dipl.-Ing. Erich Krabbe.

Heft 45: Nichteisenmetalle. I: Kupfer, Messing, Bronze, Rotguß.
Von Dr.-Ing. R. Hinzmann.

Heft 46: Feilen.
Von Dr.-Ing. Bertold Buxbaum.

Heft 47: Zahnräder.
I. Aufzeichnen und Berechnen. Von Dr.-Ing. Georg Karrass.

Heft 48: Öl im Betrieb.
Von Dr.-Ing. Karl Krekeler.

In Vorbereitung bzw. unter der Presse befinden sich:

Spritzlackieren. Von Obering. R. Klose.
Die Werkzeugstähle. Von Ing.-Chem. H. Herbers.
Spannen. Von Dr.-Ing. Fr. Klautke.

***Zahnräder.** I. Teil: Stirn- und Kegelräder mit geraden Zähnen. Von Dr. A. Schiebel, o. ö. Professor d. Dtsch. Techn. Hochschule in Prag. Dritte, neubearbeitete Auflage. („Einzelkonstruktionen aus dem Maschinenbau", Heft 3.) Mit 159 Textabbildungen. VI, 132 Seiten. 1930. RM 10.—

***Die Teilung der Zahnräder** und ihre einfachste rechnerische Bestimmung. Von Ingenieur G. Hönnicke. Mit 26 Textabbildungen. IV, 115 Seiten. 1927. RM 6.—

***Evolventenverzahnung.** Von Professor Dipl.-Ing. Hans Friedrich, Chemnitz. („Theoretische Untersuchungen für Maschinenbau und Bearbeitung", Heft 1.) Mit 67 Abbildungen im Text und 10 Tabellen. VI, 77 Seiten. 1928. RM 7.—

***Evolventen-Stirnradgetriebe.** Berechnung, Herstellung, Prüfung. Von R. Herrmann, Ingenieur. Mit 77 Abbildungen im Text. V, 112 Seiten. 1929. RM 9.60

***Die Satzrädersysteme der Evolventenverzahnung.** Grundlagen und Anleitung zu ihrer Berechnung. Von Dr.-Ing. Paul Krüger. Mit 30 Abbildungen. VI, 88 Seiten. 1926. RM 8.40

** Auf alle vor dem 1. Juli 1931 erschienenen Bücher wird ein Notnachlaß von 10% gewährt.*